数字媒体交互设计

原理与方法

威凤教育 主编

人 民 邮 电 出 版 社
北 京

图书在版编目（CIP）数据

数字媒体交互设计原理与方法 / 威凤教育主编. --
北京 : 人民邮电出版社, 2021.1
ISBN 978-7-115-54978-5

Ⅰ. ①数… Ⅱ. ①威… Ⅲ. ①人-机系统－系统设计
－研究 Ⅳ. ①TP11

中国版本图书馆CIP数据核字(2020)第199524号

内 容 提 要

本书通过丰富的案例，系统地讲解了数字媒体交互设计的基本原理和方法。

全书共7章，主要讲解了数字媒体交互设计的基础知识、用户体验、用户研究方法，以及设计流程、设计工具和设计法则，由浅入深地带领读者逐步加深对数字媒体交互设计的认知，提升自身工作能力。本书每一章的章末都附有同步模拟题及作业，以帮助读者检验知识掌握程度并学会灵活运用所学知识。

本书内容丰富，结构清晰，语言简练，图文并茂，具有较强的实用性和参考性，不仅可以作为备考数字媒体交互设计“1+X”职业技能等级证书的教材，也可作为各院校及培训机构相关专业的辅导书，还可作为数字媒体交互设计爱好者的参考用书。

◆ 主　　编　威凤教育
　责任编辑　牟桂玲
　责任印制　王　郁　马振武

◆ 人民邮电出版社出版发行　　北京市丰台区成寿寺路11号
　邮编　100164　　电子邮件　315@ptpress.com.cn
　网址　https://www.ptpress.com.cn
　固安县铭成印刷有限公司印刷

◆ 开本：800×1000　1/16
　印张：9.25　　　　2021年1月第1版
　字数：178千字　　　2025年1月河北第9次印刷

定价：59.00元

读者服务热线：(010)81055410　印装质量热线：(010)81055316
反盗版热线：(010)81055315
广告经营许可证：京东市监广登字20170147号

数字媒体交互设计“1+X”证书制度系列教材编写专家指导委员会

主　任： 郭功涛

副主任： 吕资慧　冯　波　刘科江

“1+X”证书制度系列教材编委

张来源　陈　龙　廖荣盛　刘　彦

韦学韬　吴璟莉　陈彦许　程志宏

王丹婷　陈丽媛　魏靖如　刘　哲

本书执行主编： 徐　娜

本书执笔作者： 徐　娜　郭广通　夏琼瑶

出版说明

在信息技术飞速发展和体验经济的大潮下，数字媒体作为人类创意与科技相结合的新兴产物，已逐渐成为产业未来发展的驱动力和不可或缺的能量。数字媒体通过影响消费者行为，深刻地影响着各个领域的发展，消费业、制造业、文化体育和娱乐业、教育业等都受到来自数字媒体的强烈冲击。

数字媒体产业的迅猛发展，催生并促进了数字媒体交互设计行业的发展，而人才短缺成为数字媒体交互设计行业的发展瓶颈。据统计，目前我国对数字媒体交互设计人才需求的缺口大约在每年20万人。数字媒体交互设计专业的毕业生，适合就业于互联网、人工智能、电子商务、影视、金融、教育、广告、传媒、电子游戏等行业，从事网页设计、虚拟现实场景设计、产品视觉设计、产品交互设计、网络广告制作、影视动画制作、新媒体运营、3D游戏场景或界面设计等工作。

凤凰卫视传媒集团成立于1995年，于1996年3月31日启播，是亚洲500强企业，是华语媒体中最有影响力的媒体之一，其以“拉近全球华人距离，向世界发出华人的声音”为宗旨，为全球华人提供高素质的华语电视节目。除卫星电视业务外，凤凰卫视传媒集团亦致力于互联网媒体业务、户外媒体业务，并在教育、文创、科技、金融投资、文旅地产等领域进行多元化的业务布局，实现多产业的协同发展。

凤凰新联合（北京）教育科技有限公司（简称“凤凰教育”）作为凤凰卫视传媒集团旗下一员，创办于2008年，以培养全媒体精英、高端技术与管理人才为己任，从职业教育出发，积极促进中国传媒艺术与世界的沟通、融合与发展。凤凰教育近十年在数字媒体制作、设计、交互领域，联合全国百所高校及凤凰卫视传媒集团旗下300多家产业链上下游合作企业，培养了大量的交互设计人才，为数字媒体交互人才的普及奠定了深厚的基础。

威凤国际教育科技（北京）有限公司（简称“威凤教育”）作为凤凰教育全资子公司，凤凰卫视传媒集团旗下的国际化、专业化、职业化教育高端产品提供商，在数字媒体领域从专业人才培养、商业项目实践、资源整合转化、产业运营管理等方面进行探索并形成完善的体系。凤凰教育为教育部“1+X”证书制度试点“数字媒体交互设计职业技能等级证书”培训评价组织，授权威凤教育作为唯一数字媒体交互设计职业技能岗位资源建设、日常运营管理单位。

为深入贯彻《国家职业教育改革实施方案》(简称“职教20条”)精神，落实《关于在院校实施“学历证书+若干职业技能等级证书”制度试点方案》的要求，威凤教育根据多年的教学实践，并紧跟国际最新数字媒体技术，自主研发了基于数字媒体交互设计“1+X”证书制度系列教材。

本系列教材按照“1+X”职业技能等级标准和专业教学标准的要求编写而成，能满足高等院校、职业院校的广大师生及相关人员对数字媒体技术教学和职业能力提升的需求。本系列教材还将根据数字媒体技术的发展，不断修订、完善和扩充，始终保持追踪数字媒体技术最前沿的态势。为保证本系列教材内容具有较强的针对性、科学性、指导性和实践性，威凤教育专门成立了由部分高等院校的教授和学者，以及企业相关技术专家等组成的专家组，指导和参与本系列教材的内容规划、资源建设和推广培训等工作。

威凤教育希望通过不断的努力，着力推动职业院校“三教”改革，提升中职、高职、本科院校教师实施教学能力，促进校企深度融合，为国家深化职业教育改革、提高人才质量、拓展就业本领等方面做出贡献。

威凤国际教育科技(北京)有限公司

2020年9月

前言
Foreword

随着科学技术的飞速发展，数字媒体交互设计已然与大众的生活、工作紧密结合在了一起，成为一个内涵广阔的新兴产业。在信息技术的强力推动下，各公司对数字媒体交互设计人才的需求日益增加，各大教育教学机构也越来越关注数字媒体交互设计人才的培养，并开设了相应的专业和课程。数字媒体交互设计的人才培养已经进入了迅猛发展的阶段，这为数字媒体交互设计的从业人员和教育工作者提供了机遇。本书深入地对数字媒体交互设计的原理和方法进行了讲解，重点关注用户体验、用户研究方法、交互设计心理学等领域的原理与实践，同时对交互设计的流程及工具进行了介绍，帮助读者由浅入深地了解并掌握从事数字媒体交互设计相关工作所需的基本技能，快速提高职业技能。

本书内容

全书分为7章，各章的具体内容如下。

第1章为“数字媒体交互设计概述”，详细讲解了数字媒体交互设计的概念、发展历程及应用场景，帮助读者对数字媒体交互设计有一个基本的认知。

第2章为“用户体验”，从用户体验的概念、价值和设计指导框架等方面深入地讲解用户体验在数字媒体交互设计中的作用及提升用户体验的方法。

第3章为“用户研究方法”，从用户研究的角度出发，讲解了数字媒体交互设计中常用的9种用户研究方法。

第4章为“交互设计流程”，从用户调研的角度出发，将数字媒体交互设计的整个流程进行了梳理，包括需求分析，用户角色模型的建立，故事板、用户体验地图、流程图、线框图、情绪板的制作，竞品分析，信息框架的构建，视觉设计，交互原型设计，用户测试等，帮助读者快速掌握数字媒体交互设计的流程及方法。

第5章为“交互设计心理学”，重点介绍如何将情感化设计、格式塔心理学、交互设计定律等相关心理学理论应用到数字媒体交互设计中。

第6章为“交互设计工具”，详细讲解了数字媒体交互设计中常用的8类设计工具，包括思维导图工具、流程图工具、静态原型设计工具、交互原型设计工具、视觉动效工具、网页设计工具、三维设计工具、虚拟现实和增强现实工具，使读者对这些工具在数字媒体交互设计中的应用有一个整体的认识，以便在设计过程中能够根据不同的任务需求选择适宜的设计工具。

第7章为“数字媒体交互设计的未来”，从用户体验设计、服务设计、游戏化设计、人工智能、智能家居、无人驾驶、可穿戴设备、MR和XR等8个领域讲解了数字媒体交互设计未来的发展方向。

本书特色

1. 原理与方法并重

本书内容是先原理后方法，整体节奏循序渐进，通过理论解析+案例拆解的模式，帮助读者快速了解、熟悉、掌握数字媒体交互设计的相关知识与工作方法。

2. 章节随测

每章末尾都附有同步强化模拟题及作业，方便读者随时检测学习效果，查漏补缺。

本书资源

关注微信公众号“职场研究社”，回复关键字“54978”，即可获得本书配套的PPT课件及视频课程。

读者收获

学习完本书后，读者不仅可以熟练掌握数字媒体交互设计的基本原理和方法，并且还会对用户体验和用户研究方法有深入的理解。

本书在撰写过程中难免存在错漏之处，希望广大读者批评指正。本书责任编辑的电子邮箱为muguiling@ptpress.com.cn。

编者

目录
Contents

第 1 章

数字媒体交互设计概述

当今数字信息社会中，数字媒体交互设计已融入日常生活的方方面面，人们每时每刻都在享受着数字媒体交互设计所带来的变化，如使生活更加便利的App、绚烂的建筑投影、充满乐趣的科技馆、具有强沉浸感的体验馆，数字媒体交互设计通过艺术与科学的碰撞使人们能够突破时空的限制来感知世界。

1.1 认识数字媒体交互设计

从计算机端到移动端，再到语音交互、手势交互，数字媒体交互设计已经被广泛地应用在人们日常生活的方方面面。随着科技的发展，数字媒体交互设计的应用会日益旺盛。

1.1.1 认识数字媒体

数字媒体是以数字化的方式记录、处理、传播、获取信息的媒介，如数字书刊、数字广播、数字电视、数字影像、网页、手机应用、触摸媒体等。信息数字化的发展推动了数字媒体的产生和发展，改变了人们认知世界的方式，使人们的社会行为发生了改变。共享经济、互联网+、大数据、移动支付、人工智能等不断涌现的新兴事物，不仅改变了设计的方式，而且还改变了人们的生活习惯，改变了人们的行为认知。信息技术与数字媒体的紧密结合，使信息的形态、传播方式及传播理念都发生了巨大的改变。例如，移动支付减少了钱包的使用；智能门锁可替代钥匙，减少了钥匙丢失的尴尬和麻烦；文件的云存储和编辑不仅节约环保，还提高了工作效率。

1.1.2 什么是数字媒体交互设计

数字媒体使信息以数字化的方式进行传播，突破了时空的限制，实现了人与信息的交流互通。连接信息与人的交互行为和方式是数字媒体最具有魅力的方面。数字媒体交互设计是关于用户行为的设计，是对人与机器之间的行为逻辑进行定义，从而使人能够获得愉悦的体验的设计。数字媒体交互设计关注的重点是数字媒体中交互行为的设计，交互是日常生活中普遍存在的行为，当人与物体之间产生关系时，交互的行为就会发生。

交互设计行为的逻辑关系决定着最后的结果，行为逻辑的先后顺序会使结果截然不同。例如，在日常生活中，为什么时常会出现银行卡被遗留在ATM提款机的情况？下面仔细分析取款时人与ATM提款机发生交互行为的逻辑顺序：第一步将银行卡插入提款机中；第二步在ATM提款机的屏幕中输入取款密码；第三步输入取款的金额；第四步等待提款机“吐出”现金；第五步取走现金；第六步退出系统，取走卡片，如图1-1所示。

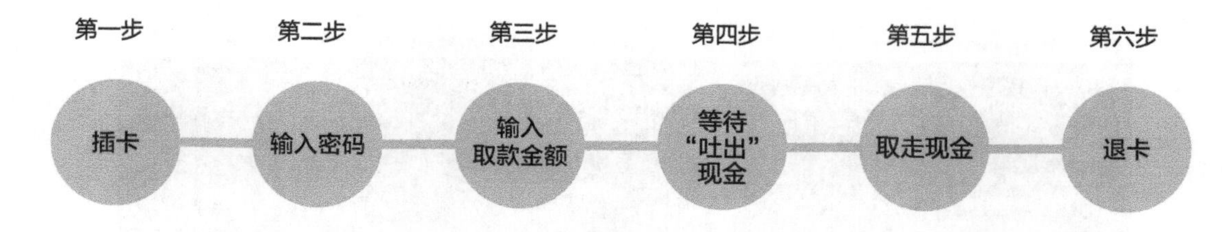

图1-1

这6个步骤就是用户完成整个取款行为的过程。由于用户使用提款机的目的就是通过与提款机间的互动实现取款，当行为到达第五步时，取款这个目标就已经实现了，所以当用户使用ATM提款机的目标提前实现时，则退出系统，取出卡片的步骤就容易被遗忘。

对交互过程进行设计，能够有效地减少问题的发生，降低出错的概率。试想下，将第五步与第六步的顺序进行调换，是不是可以有效降低银行卡被遗留于ATM提款机的概率？因为用户的使用目标还没有实现时，通常是不会中途离开的。交互设计就是对人与机器之间交互的行为过程进行设计，设计者要以用户需求为中心，了解用户的心理和行为特点，架构起用户与产品、与服务之间的桥梁。

1.2 数字媒体交互设计的发展历程

数字媒体交互设计诞生于20世纪80年代，从命令行交互的方式发展到了图形用户界面交互方式。图形用户界面交互方式成为当今数字媒体交互设计的主流，如手机端的应用程序（以下简称App）、网站的图形界面等。随着新技术的不断涌现，数字媒体交互设计正逐步向自然用户界面的交互发展。

1.2.1 从命令行界面到图形用户界面

信息革命初期，计算机与人的交互方式是要求用户输入指令，计算机根据指令给出相应反馈，这种交互方式被称为命令行交互，如图1-2所示。

```
newedenfaces-react — npm  /Users/sahat/Developer/newedenfaces-react — node
{ routes:
   [ { component: [Function: App], childRoutes: [Object] },
     { path: '/', component: [Function: Home] } ],
  params: {},
  location:
   { pathname: '/',
     search: '',
     hash: '',
     state: null,
     action: 'POP',
     key: 'tewv62',
     query: {} },
  components: [ [Function: App], [Function: Home] ],
  history:
   { listenBefore: [Function: listenBefore],
```

图1-2

早期的计算机是没有鼠标的，用户只能通过键盘与计算机进行交互。这种交互方式非常不直观，用户的学习成本高，需要花费大量的时间才能完全掌握。

命令行界面的交互方式使计算机极难被普及和推广，因为对于用户而言，学习和掌握计算机的操作是一件非常困难的事情。1979年苹果公司的创始人乔布斯到施乐－帕洛阿尔托研究中心参观，他被施乐的图形化用户界面和屏幕二维的定位操作所震撼。1983年苹果公司推出了带有鼠标的LISA计算机，自此开始了图形用户界面的时代。1984年苹果公司推出了Mac产品，它是第一款采用图形用户界面并获得商业成功的计算机产品。图1-3就是苹果计算机的图形用户界面。

图1-3

拥有图形用户界面的计算机进入了大众消费市场，所见即所得的界面操作方式降低了用户的学习成本，使原本属于小众的计算机迅速地成为大众使用的重要工具。图形用户界面交互依旧是当前使用最多的交互形式。

图形用户界面将原本的命令输入，转变成了以图形为隐喻的图形选项，如桌面的窗口、存放废弃文件的垃圾箱、可以实现裁剪功能的剪刀图标等，图形用户界面使用户可以直观地看到操控的文本和图片，并且输出打印的效果与计算机中显示的效果一致。图形用户界面极大地降低了计算机使用的门槛，用户不需要花费太多的时间，只需要稍加训练就可以掌握，图形化界面的使用减轻了用户的记忆负担，视觉化的空间环境也使用户的操作变得更加便捷。

从第一个图形用户界面出现以来，数字媒体交互设计的发展已经历了近半个世纪，图形用户界面的样式和交互形式在不断地更新，技术的不断发展和进步对图形用户界面和交互的形式提出了更高的要求。

1.2.2 从图形用户界面到自然用户界面

1985年微软的Windows 1.0亮相，它用图形用户界面取代了原来的DOS系统的命令行界面。图形用户界面的应用被大众所接受，这也极大地推动了计算机的普及和发展。尽管图形用户界面使用了空间、图形隐喻的方法，使操作变得更加直观。计算机本身是没有生命的，当人对它发出动作行为时它无法给人反馈。交互设计就是在给机器设定交互行为，教会计算机如何对人的行为动作做出回应。

随着技术的迅猛发展，人工智能、虚拟现实、增强现实、语音交互、动作识别、深度学习等新兴技术促使人机交互的方式向着自然用户界面发展。自然用户界面取代了原有的利用鼠标和键盘的交互方式，使用户能够通过声音和肢体语言，以与物理世界交互相同的方式与计算机进行交互。苹果公司的Siri的交互使用的就是典型的自然用户界面，用户通过“嘿，Siri”的语音请求将Siri唤醒，然后使用语音进行交互，交流信息。

触摸屏和传感器技术的迅猛发展，使得触摸屏的应用越来越广，手势交互成为取代鼠标交互的新趋势。随着智能化的高速发展，图形用户界面由于物理尺寸的限制，已经无法满足用户功能的使用需求，自然用户界面的交互形式极大地扩展了交互的使用范围和权限，使得自然用户界面在智能家居、无人机、智能手表、智能眼镜等领域中的应用日益广泛。

1.3 数字媒体交互设计的应用场景

数字媒体交互设计的本质是对交互行为进行设计，交互设计的应用场景也随技术的发展不断改变。界面交互、人机交互、交互装置成为人们日常生活的一部分。

1.3.1 界面交互

界面交互主要是指人基于计算机屏幕进行信息交换，当用户通过界面向计算机输入信息进行操作时，计算机则通过交互的界面向用户提供反馈的信息，主要包括基于计算机端的网页交互及移动端的应用程序的界面交互。智能手机的兴起，带动了应用程序的快速发展，桌面端、移动端、平板端的应用程序层出不穷。为了使用户获得良好的用户体验，各个系统、各个平台间实现了融合，响应式设计布局的出现很好地满足了多个终端融合的需求，如图1-4所示。响应式布局可以让界面根据不同的设备环境智能地进行变化，以适应用户的使用行为，从而使用户获得更加舒适的界面和更好的用户体验。

图1-4

1.3.2 人机交互

人机交互一般会基于界面交互、智能产品进行设计，与界面交互不同的是，它不会局限在应用程序、网页的界面交互上，它还会涉及硬件设备，如可穿戴设备、智能语音系统、虚拟现实、增强现实等，这些应用不仅需要基础硬件的配合，还需要相应的界面交互与之相配合。

可穿戴设备通常是指可以直接穿戴在身上，或者整合在用户的衣服或配件中的便携式设备，如智能手表、智能手环、智能服装、智能首饰等。可穿戴设备不仅是一种硬件设备，它还需要通过软件的界面交互实现信息数据的存储与交换。图1-5所示的是TOTWOO智能首饰，它将智能科技、移动互联与一流的珠宝设计工艺融合，给用户带来全新体验。TOTWOO自2015年于意大利米兰推出以来，立刻成为时尚达人们的新宠。首饰中具有配套的专属App，通过蓝牙与手机连接，除了具有步数统计、久坐提醒、紫外线检测、控制闪光等功能外，还具有传递情意信息的社交功能。用户通过摇动或敲击首饰，实现信息沟通和连接。例如，情侣间的亲密互动，双方的首饰通过配套的App进行配对，配对成功后，当一方摇一摇或用手指轻敲时，另一方的首饰就会闪光或震动，收到信息的一方也能以同样的方式回应。除此之外，TOTWOO首饰还可以通过与手机连接，使用远程控制完成美颜自拍。可穿戴设备不仅拉近了用户与科技的距离，更拉近了时尚与社交的距离。

图1-5

虚拟现实（Virtual Reality，VR）是通过计算机模拟创建出一个三维空间的虚拟世界，让用户产生一种身临其境的感觉。用户通过虚拟现实设备，可以在虚拟的环境中体验、认知不同的世界。《沙中房间》是艺术家安德森和黄心健共同创作的虚拟现实互动作品，在第74届威尼斯影展的虚拟现实竞赛单元中，获得了“最佳VR体验奖”。

观众通过虚拟现实的专业设备，随着声音的指引进入了由无数巨型黑板构建的梦幻而又浩瀚的虚拟空间，通过手柄来与虚拟世界进行互动。例如，参与者通过语音输入，将话语或歌声转换成几何雕塑，敲击播放或与他人留下的声音进行对话。整个作品由8个主题房间构成，每个房间都独具特色，不同的交互形式使参与者的体验层层深入，虚拟与现实的界限逐渐变得模糊。

1.3.3 交互装置

交互装置是交互设计与装置艺术紧密结合的产物，它是艺术与科技紧密的结合体，其中包括互动装置、互动游戏、互动媒体、互动空间等。近年来，随着社会经济生活的不断进步，以及体验经济的快速发展，体现艺术与科技高度结合的交互装置成为一股不可忽视的潮流。

teamLab是一家来自日本的新媒体艺术家团队，他们打造的全球首家“数字艺术博物馆”将互动的娱乐体验发挥到了极致。博物馆中梦幻般的场景，人与空间的实时互动，使用户的感官受到极大的震撼。2015年，teamLab获得了“DFA亚洲最具影响力设计奖”，作品连续两年入选知名线上杂志*Designboom*的“全球十大必看艺术展”榜单。

2017年，teamLab在北京举办的“花舞森林与未来游乐园”，成为当年北京城最火爆的展览之一。这是一个专门为孩子打造的未来数字化的虚拟游乐园。绘画是每个孩子的天性，游乐园中的桌子上有很多画纸和画笔，孩子们可以根据自己的喜好给纸上的海洋生物涂上任何自己喜欢的颜色，并且还可以发挥天马行空的想象力，创造出新的海洋生物。完成之后，通过扫描，所绘制的海洋生物就会形成3D影像被投射到虚拟的海洋中。孩子们可以看到他们亲笔绘制的图形不仅在眼前活动了起来，而且可以与图形产生互动。扫描之后的海洋生物图形进入虚拟的海洋，它们在海洋中不停地游走，孩子们不仅可以触摸，还可以触摸虚拟的饲料袋进行喂食。这种人与计算机之间娱乐的交互方式，使孩子们深深地感受到了创造性想象的力量。强交互的体验积极地调动孩子们的兴趣，激发了孩子们的创造力。

此外，小人儿所居住的桌子也是很有特色的交互装置。在该桌子的互动屏幕的边缘有很多小人儿在奔跑，这些小人儿与桌子上的物体会产生互动：当孩子们将不同的物体放在桌子的不同地方时，小人儿会追逐物体奔跑、跳跃、攀爬或在物件上滑行。物体的数量和位置都会使装置展现出不同的效果，互动性的体验和无限的不确定性，使交互过程充满了无限乐趣。

1.4 同步强化模拟题

一、单选题

1.（　）是关于用户行为的设计，是对人与机器之间的行为逻辑进行定义，从而使人能够获得愉悦的体验。

A. 数字电视　　B. 互联网网页

C. 数字媒体交互设计　　D. 触摸媒体

2. 交互设计就是对人与机器之间交互的行为过程进行设计，以用户需求为中心，了解用户的心理和行为特点，架构起用户与产品、（　）之间的桥梁。

A. 需求　　B. 习惯　　C. 技术　　D. 服务

3. 关于数字媒体交互设计的发展历程，下面正确的表述是（　）。

A. 命令行界面→图形用户界面→自然用户界面

B. 图形用户界面→命令行界面→自然用户界面

C. 自然用户界面→图形用户界面→命令行界面

D. 自然用户界面→命令行界面→图形用户界面

4.（　）可以将界面根据不同的设备环境智能地进行变化，以适应用户的使用行为，从而使用户获得更加舒适的界面和更好的用户体验。

A. 响应式布局　　B. 集中式布局

C. 对称式布局　　D. 感知性布局

5.（　）是通过计算机模拟创建出一个三维空间的虚拟世界，使用户仿佛具有一种身临其境感。

A. 人工智能　　B. 虚拟现实　　C. 混合现实　　D. 扩展现实

二、多选题

1.（　）等新兴事物不仅改变了设计的方式，而且还改变了人们的生活习惯，改变了人们的行为认知。

A. 共享经济　　B. 互联网＋

C. 大数据　　D. 移动支付

2. 交互装置是交互设计与装置艺术紧密结合的产物，它是艺术与科技紧密的结合体，其中包括（　）。

A. 互动装置　　B. 互动游戏　　C. 互动媒体　　D. 互动空间

3. 现阶段已经实现图形用户界面向自然用户界面的发展，自然用户界面或替代原有的鼠标和键盘的交互方式，使用户能够通过声音和肢体语言，以与物理世界相同的交互方式与计算机进行交互，其中属于自然用户界面交互方式的有（　）。

A. 百度公司的小度　　B. 苹果公司的Siri

C. 阿里巴巴公司的天猫精灵　　D. 小米公司的小爱同学

4. 以下哪些新兴技术让人机交互的方式向自然用户界面发展？（　）

A. 人工智能　　B. 虚拟现实

C. 语音交互　　D. 动作识别

5. 下列选项中，属于智能可穿戴设备的是（　）。

A. 智能手表　　B. 智能手环

C. 智能服装和智能首饰　　D. 智能游戏

三、判断题

1. 虚拟现实（MR）是用户通过虚拟现实设备，可以在虚拟的环境中去体验、认知不同的世界。《沙中房间》是艺术家安德森和黄心健共同创作的虚拟现实互动作品，在第74届威尼斯影展虚拟现实竞赛单元中，获得了“最佳MR体验奖”。（　）

2. 数字媒体交互设计从命令行交互的方式走向了图形界面交互，图形界面交互成为当今数字媒体交互设计的主流，如App、网站的图形界面等。（　）

1.5 作业

当今语音交互已成为交互设计领域发展的新趋势，请调研当前市场中使用了语音交互的产品，总结产品的特色和缺点。

第 2 章

用户体验

在交互设计中，用户体验（User Experience，UE）是交互设计的核心，因为它直接决定用户的使用感受，影响用户的情绪变化。当人与事物发生交互时，交互行为的背后就会产生用户体验，这种体验来自用户的内心，也就是说用户体验关注的是用户行为背后的主观感受，通过对用户进行深入的研究，对用户可能产生的主观感受进行设计和规划，从而使用户在使用产品或服务的过程中其精神和情感能得到满足和提升。注意，用户体验设计关注的对象是用户，重点是体验。

随着科学技术的不断发展及社会的不断进步，用户体验越来越受重视，不少大企业增设了用户体验设计师的岗位和用户研究部门。原有的以“有用”为目的的设计已经无法满足现代人的需求，有趣的、愉悦的过程和结果才能满足用户的需要和预期。可以说，交互设计的终极目标就是为用户提供优质的用户体验。因此，用户体验是交互设计中非常重要的部分，它决定着在产生交互行为之后用户的情绪与感受，并对后续行为的发生和认识起着决定性的作用。实际上，除了交互设计，用户体验设计对信息架构、视觉设计、用户界面等领域亦有重要影响，它们之间的相互关系如图2-1所示。

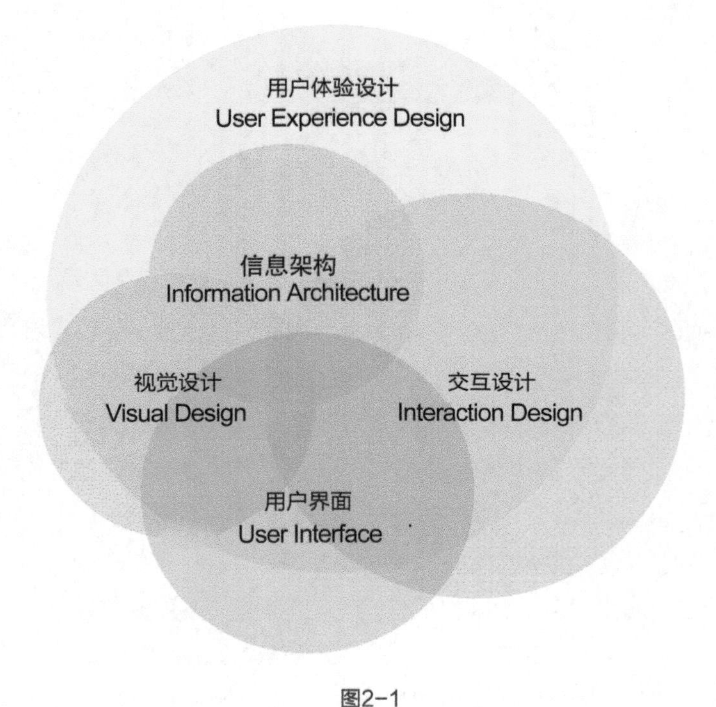

图2-1

2.1 认识用户体验

交互设计是关于用户行为的设计，而行为的背后所引发的情感变化就是用户体验的范畴，行为必然会对用户的情感产生影响，影响的好坏会直接关系着用户的认知、态度、动机和后续行为的发生。

设想一下，当用户想在某品牌官网上购买某商品时，却发现其页面非常难看，而且页面上混乱的排版使用户无法快速找到想要的商品；当该商品终于被添加到购物车时，用户又发现结算总是出问题……那么，本应是让人愉悦的购物活动，却被糟糕的购物经历弄得很不愉快，于是用户很可能不会再信赖这个品牌。

2.1.1 用户体验的价值

用户体验可以提升用户的价值，带来或留住更多的客户，从而使产品和服务的商业价值也得到提升，为企业创造出更大的品牌价值。

苹果公司是重视用户体验的典范，其操作系统的每一次更新，都在界面、功能、交互上进行了很好的优化和改进，给用户带来美好的体验与感受；贴合用户的人性化设计、流畅的操作过程、跨平台的协作能力，无不令人称道。

马化腾曾经说过，腾讯对待消费者不是以客户的形式来对待，而是以用户的形式来对待，用户和客户之间虽然一字之差，却有着天壤之别。用户思维是一种打动思维，以打动用户的心来形成消费者的黏性。

例如，微信中寻找周围陌生人交友的“摇一摇”功能就是从用户需求出发，极大地满足了用户排解寂寞、扩大社交圈的需求。而“摇一摇”的动作本身就是人的自然反应——原始社会时期抓握、摇晃就已是人类的本能。可见，“摇一摇”这看似简单的功能实际上是对用户进行深入研究后的设计成果。

腾讯公司针对用户体验专门设置了用户研究与体验设计中心（CDC），专门研究如何更好地提升用户体验。实际上，国内已有不少互联网公司设置了专门的用户体验相关部门，如百度的MUX（移动用户体验部）、网易的UEDC（用户体验设计中心）、搜狐的UED、携程的UED等。

2.1.2 什么是好的用户体验

用户体验的核心是用户的需求，关注的是用户，重点是体验。用户体验是在满足了用户关于可用性的需求之后，给用户创造的惊喜感。也就是说，好的用户体验是超出用户预期，能给用户带来惊喜的体验。

下面通过一些案例具体地讲解什么是好的用户体验。

案例 1：翻译器页面

翻译器是帮助用户进行语言转换的媒介，是日常生活中使用较为广泛的工具。目前市面上的翻译器有很多种，无论是在线平台，还是手机端的App，都能够出色地完成翻译的基本需求，甚至有的平台还开设了人工智能翻译、语法检查、语言自动识别、人工专业服务、AR识别等功能，目的都是希望能够为用户提供全方位的服务。

从可用性的角度而言，目前市场上存在的翻译器都能够满足用户的基本需求，但是从用户体验的角度来看，却也存在着差异。下面先以未改版前的谷歌翻译器和金山词霸翻译器为例，详细讲解什么是好的用户体验。

图2-2所示为谷歌翻译器2017年之前的页面，图2-3所示为金山词霸翻译器2017年之前的页面。

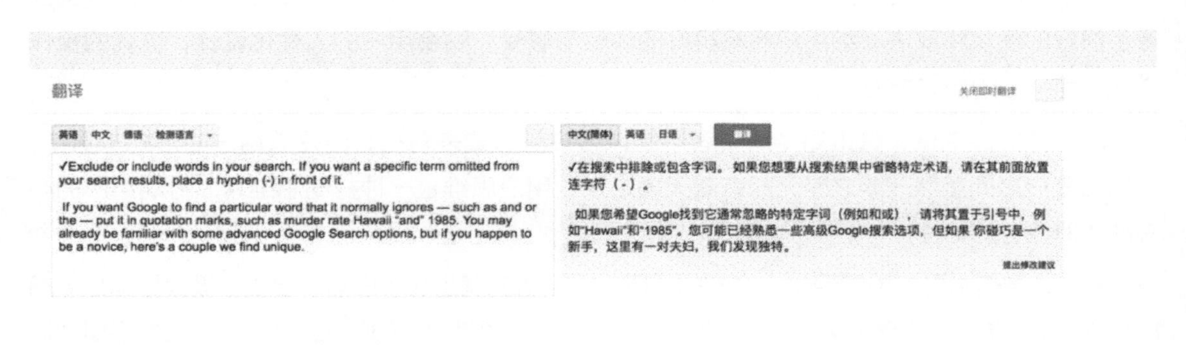

图2-2

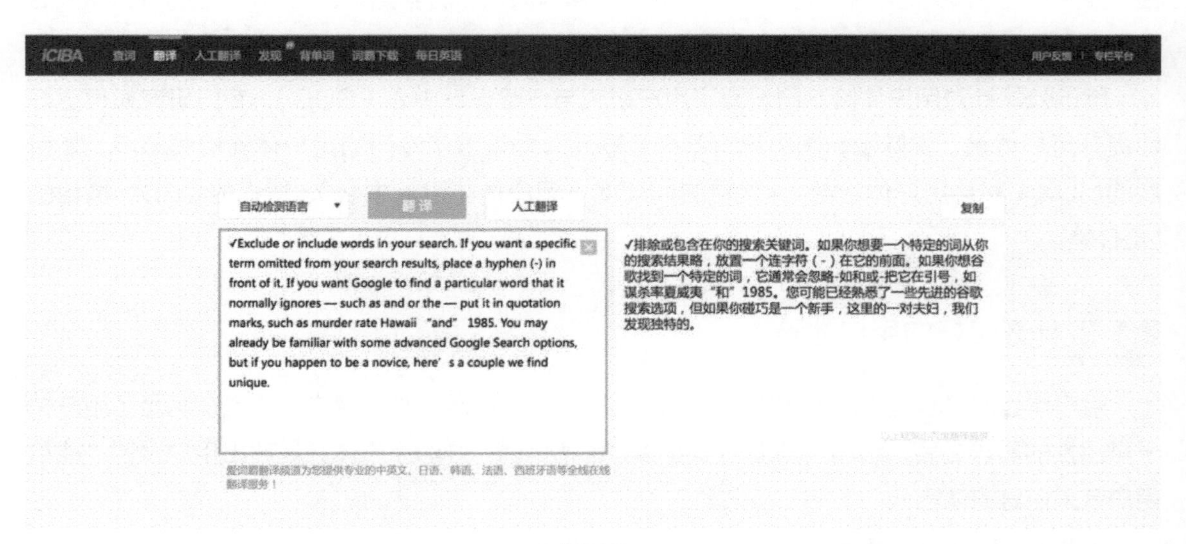

图2-3

从可用性上来讲，两个翻译器都实现了翻译功能，满足了用户的基本需求，但从用户体验的角度看，不同的设计细节带来的视觉体验反差很明显。

从页面布局上来看，两个翻译器页面均采用了左右的布局方式，左边为原文，右边为翻译出来的语言页面。左边较宽的输入框可以容纳更多的内容，当将需要翻译的内容复制、粘贴到输入框时，谷歌翻译器的页面依旧保持格式不变，而金山词霸翻译器的页面默认取消了原有的段落分割，将两个段落合并在一起，即使在输入框中按回车键换行也无效。可想而知，当用户有一篇完整的英文文章希望借助翻译器进行翻译时，这种状况会给用户带来不良的体验。

页面右边为译文输出部分，也就是用户希望获取的结果部分。从图2-2和图2-3的对比中可以看出，谷歌翻译器页面的视觉效果更优秀：当用户进行阅读时，视觉的视线流动是自然舒适的，适当的行间距、适宜的字号都给用户带来良好的阅读体验。而金山词霸翻译器的页面由于输入部分无法使用回车键进行段落分割，而且行间距、字号都不太合理，以致输出部分的文字也变得密密麻麻，非常紧凑，这会使用户的阅读体验不佳。

可见，设计细节直接影响着用户的使用体验。再想想使用情境，当用户想使用翻译器翻译完整的文章，学习外文资料时，不良的用户体验将不能帮助用户轻松地完成学习任务。

随着产品的迭代升级，金山词霸翻译器和谷歌翻译器也都不断地针对用户体验对产品进行优化、升级。图2-4是金山词霸翻译器改版后的页面效果，从新改版的页面上可以看出，其输入框和输出框都进行了加宽处理，不仅可以支持段落的自然分割，而且加大了行间距，字号与旧版相比变小了，颜色也被减弱。与旧版相比，新版的用户体验有了很大的提升，能使用户的阅读变得更加流畅。

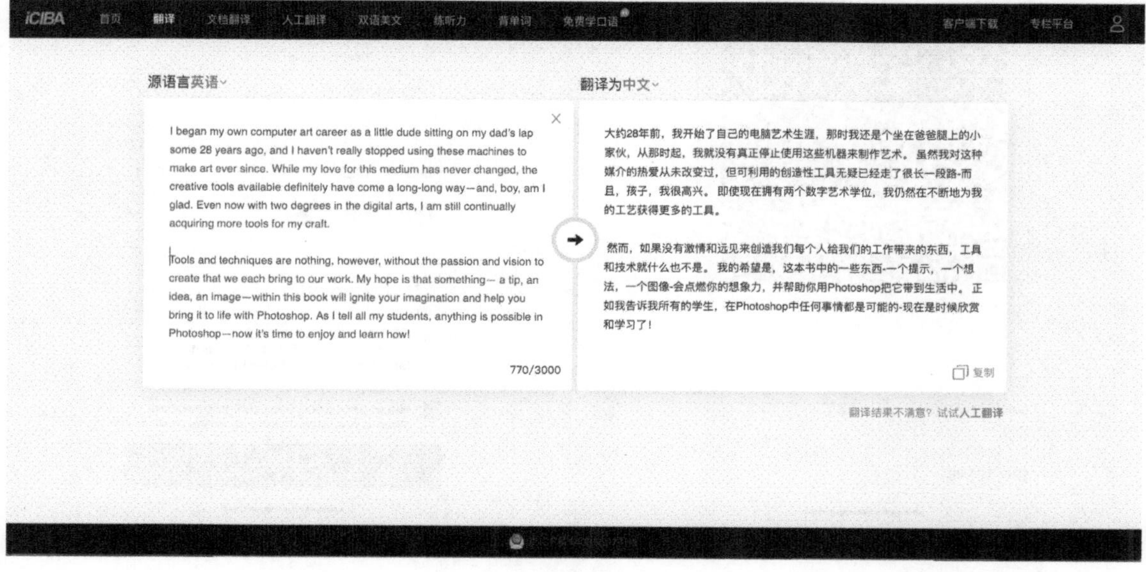

图2-4

谷歌翻译器也在根据用户需求的升级不断地进行迭代更新，其页面在原有的基础上增添了语音朗读和文档导入功能。

总之，好的用户体验总能给用户带来惊喜，产生出其不意的效果。

案例2：瑞士铁路的应用程序

瑞士铁路具有欧洲最准点火车的美誉。四通八达、准时便捷的瑞士铁路网其实是瑞士社会自我认知的组成部分。瑞士也以它美丽的火车之旅而闻名，冰川列车、黄金列车、巧克力列车……瑞士火车几乎是所有到瑞士旅游的人士必选的旅行方式。天堂般的美景，便捷的交通和瑞士铁路应用程序人性化的设计服务都带给用户无限惊喜的旅行体验，无不让来瑞士旅游的人流连忘返。

瑞士铁路应用程序所提供的贴心的用户体验使用户对瑞士铁路的好感度层层提升。

在瑞士铁路的应用程序中可以获取用户所需的各种旅行信息，例如电子票、线路查询、人员的满员程度、换乘站台、车辆准点或晚点的信息等，其相关界面如图2-5和图2-6所示。

图2-5

图2-6

瑞士铁路的应用程序非常注重用户的旅行体验，关注的是用户旅行过程中的每个关键点。下面以图2-6所示的从卢塞恩（Luzern）到因特拉肯（Interlaken Ost）的旅行线路显示界面为例，介绍其用户体验设计到底好在哪里。从该图中能看出整个旅程需要花费2小时27分钟，中间需要换乘1次。当用户处于一个完全陌生的环境，尤其是对第一次到此旅行的人来说，旅程中的不断换乘可能会给用户带来糟糕的体验，上一班列车的晚点会严重地影响下一段旅程的开始，复杂的换乘流程可能会使用户直接迷失在车站中，从而使整个旅行的体验都大打折扣。瑞士铁路的应用程序有效地解决了车辆换乘的问题，其页面上部的运行线路不仅标明了列车的运行路线，而且还会随着火车运行的时间同步变化。其页面中部的运行路线的显示设计也是以用户为中心，将用户的出发地和目的地作为路线的起始点和终点，并明确了用户换乘的时间点，避免用户出现提前下车、坐错站的情况。红色的点是当前列车正在行进的时间点，当红色的点与白色的点重合时，就意味着用户到了需要换乘的时间点，其贴心的设计使原本最可能出现问题的换乘变成了最自然平常的事，从而使用户对整个旅行有一个很好的掌控感和安全感。

旅游本是一种感受自然、享受生活的活动，瑞士铁路应用程序打动人心的用户体验设计使乘坐火车不再是一种出行的方式，而是享受旅游的过程。

2.2 用户体验的5个层面

对用户体验进行设计的目的是确保用户所经历和感受的体验都在设计的预期之内，也就是说用户所经历的感受，所产生的情绪反应都是设计师有意识地设计的结果。用户体验是一个持续的过程，它是由用户产生不同的行为后所产生的感受及情感组合而成的，而这种感受及情感的产生是由交互的行为动作所引发的。在整个用户体验设计的过程中，设计师需要考虑用户有可能采取的每一步行动，以及用户在行动的过程中的期望值。

用户体验有5个层面——表现层、框架层、结构层、范围层、战略层，这是用户体验设计的指导框架，如图2-7所示。这5个层面层层相扣，下一个层面是上一个层面决策的基础，也就是说上层是建立在下层的基础之上的。其中，框架层决定了表现层的视觉表达，结构层决定了框架层的布局，范围层决定了结构层的内容，战略层是范围层的制定依据。每一个层面都影响着上一个层面的表现，这种连锁效应使设计的过程成了自下而上的建设梯队。较低层的任何改动或变更，都需要重新评估上一层面的决策方案。

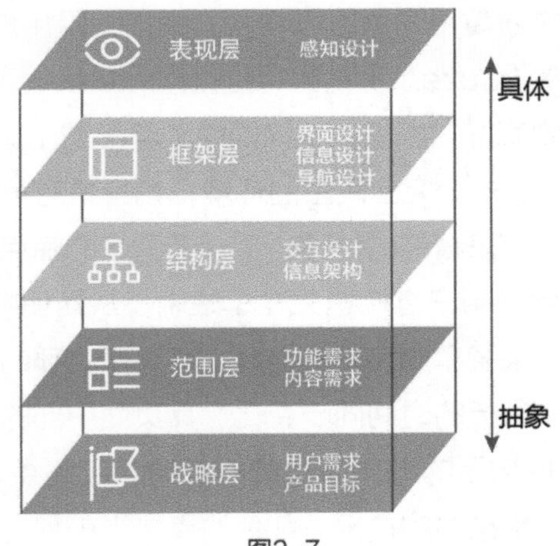

图2-7

1．战略层

设计的成败取决于战略层的制定，它是范围层、结构层、框架层、表现层的决策基础。导致设计失败的原因，往往不是技术，也不是用户体验，而是错误的战略目标。明确战略目标，即明确设计目的和用户需求，是设计的基础，因为它直接影响着后面各个层面的决策。例如，支付宝的蚂蚁森林的存在并不是解决支付宝如何赚更多钱的问题，而是解决如何提升用户使用率的问题。蚂蚁森林从战略层上有效地提升了支付宝的活跃度。例如蚂蚁森林的公益服务，使用户对支付宝的好感增加，从而使支付宝积极正面的品牌形象更加深入人心。

用户需求是战略层关注的重点，是整个设计的核心。所有设计服务的对象都是用户，用户的需求决定着设计存在的必要性。这就意味着在开始设计之前，需要先对用户进行深入的研究，从用户的行为模式和思维模式中深入挖掘用户需求，这些需求决定着设计最终的产出形态。（具体的用户研究方法详见本书第3章。）

2．范围层

当战略目标被确定后，要根据战略目标决定为用户提供的内容和功能。战略层决定的是要干什么，范围层决定的是怎么干。例如，在对用户进行调查研究之后发现，在早上上班的高峰期打车是一件很困难的事，这就是经过调研之后发现的用户需求。为了满足这个需求，××出行App提出了使用私家车扩容市场供给，从而在很大程度上解决了用户出行的问题。范围层决定了功能和内容，在对用户进行调研时会发现，用户的需求不止一个，这就意味着设计师需要根据用户调研所挖掘出的需求进行分析，对需求进行优先级判定，从中找出用户的一级需求，也就是痛点。范围层就是根据战略层，即需求，对内容和功能进行判断，从而决定可以给用户提供哪些功能特性。

3. 结构层

在结构层，就要对范围层所决定的需求和内容进行整理，使原本零散的部分组合成整体。结构层将战略层、范围层的决策信息，由抽象转化为具象。交互设计被规划在了结构层，这里的交互更多地被界定为“可能的用户行为”。逻辑性是结构层关注的重点，无论是面向交互的行为动作顺序还是面向信息架构的层级关系，都要思考如何快速、有效地向用户传递信息。

4. 框架层

在框架层，要对结构层进行进一步的提炼。如果说结构层是“骨架”，那么框架层就是“血肉”。结构层决定了以何种方式进行运作，框架层则界定了以何种功能和形式实现。

框架层面的设计，就是对界面、导航和信息进行详尽的设计与规划。在对交互元素进行设计时，要基于用户最常采用的行为方式进行页面布局，以便用户能够以最便捷的方式获取和使用，从而降低用户的学习成本。界面设计用于确定页面的大框架，明确按钮、输入框、图片、文本的确切位置。导航设计是信息的指引者，它能清楚地告诉用户，他们从哪里来，他们在哪里，他们可以去哪里。框架层的信息设计是微观的信息架构，设计师要对界面上的信息进行具体分类，遵循用户的使用习惯对界面上的信息进行优先级的排列。

5. 表现层

表现层是关于感知的设计，是用户感受体验的第一站，它决定着设计最终以何种方式、何种形态被用户的感觉器官所感知。框架层中的界面设计考虑的是交互元素的布局问题，导航设计考虑的是引导用户在页面间移动的元素的安排问题，信息设计考虑的是信息传达给用户的排序问题。而表现层的感知设计是架构在框架层上的，是对交互元素进行感知的呈现。人类有五感，即嗅觉、味觉、触觉、听觉和视觉。研究表明，人类在通过感知获取认知的过程中，视觉约占85%，听觉约占11%，嗅觉、味觉和触觉总共只占3% ~ 4%。可见在表现层中，视觉设计起着举足轻重的作用，但要注意的是，视觉设计是由表现层下面的4个层面决定的，是表现层下面的4个层面的具象表达。在对交互设计进行评价时，应该思考的是视觉的表达对表现层之下的4个层面的支持效果如何。

2.3 如何提升用户体验

用户体验对于交互设计而言意义重大，它影响着用户的感受，决定着用户未来可能的行为。在进行交互设计时，用户体验是交互行为设计所思考的终极目标。好的用户体验会给用户带来美好的感官享受，而不好的用户体验不仅会给用户留下糟糕的印象，还会造成一系列糟糕的连锁反应。有用性是交互设计的基础，而易用性才是用户体验，那么如何才能有效地提升用户体验呢？可以从以下几个方面入手。

1. 注重易用性

有用性是需求所要解决的问题，而易用性属于用户体验的范畴。以用户为中心进行设计，对用户的行为模式和思维方式进行研究，根据用户的使用习惯和惯有的思维认知对交互行为进行设计，不仅能降低用户的学习成本，还能使用户在使用的过程中感受到愉悦和惊喜。

例如，微信的红包与现实中的红包有相同的属性，但是媒介有所不同。用户基于日常的认知可以很快地理解和获知红包的意思和使用方式，点击拆开红包后，红包中的钱进入用户账户，这一连串简单的动作行为只需要简单的提示就可以完成。

2. 注重细节设计

用户体验总是体现在细微之处，虽然微小，但非常重要。例如，闹铃的复响设计减少了睡过头的可能性；饥肠辘辘时就会期盼着外卖人员早些到来，于是使用户能看到外卖人员行动轨迹的设计在一定程度上减缓了用户的焦虑感，让饥饿的等待变得不那么难过；在智能门锁应用程序中可以检查门锁的锁门情况的功能按钮，解决了强迫症用户的困扰。这些细节性的设计都使体验的过程变得更美好。

可以说，细节的设计是用户体验的度量仪，精准的细节设计是提升用户体验的有效手段。

3. 加强触点管理

触点指的是交互的过程中用户与服务或系统的接触点。对触点进行管理就是对用户与服务或系统的关键接触点进行规划与设计，使这些关键接触点变成令用户满意的设计点，从而促使用户行为的继续。通过对触点进行有效的管理，能够自发地影响用户的行为和决策。

苹果公司产品的触点设计十分精准。例如，当用户打开一台崭新的Mac笔记本电脑时，其触点设计能让用户良好的使用体验逐渐攀升：伴随着栩栩如生的开机动画，首先会用你熟悉的语言问好，瞬间拉近了用户与产品之间的距离；进入主界面后，自动搜索网络的连接，复制和传输资料时进行友好的提示等贴心设计使整个使用过程非常流畅。正是这些细致入微的触点设计使用户对苹果公司的产品爱不释手。

2.4 同步强化模拟题

一、单选题

1．在交互设计中，（　　）是交互设计的核心。

A．用户体验　　B．精神需求

C．产品包装　　D．技术本身

2．交互设计需要通过设计影响用户的主观体验，从而使用户得到（　　）的满足。

A．物质需求、精神需求　　B．精神需求、情感需求

C．情感需求、物质需求　　D．精神需求、感知需求

3．设计的成败取决于（　　）。

A．战略层的制定　　B．范围层的制定

C．结构层的制定　　D．框架层的制定

4．在用户体验的5个层面中，（　　）是关于感知的设计，它决定着设计最终以何种方式、何种形态被用户的感觉器官所感知。

A．范围层　　B．感知层

C．框架层　　D．表现层

二、多选题

1．界面设计用于确定页面的大框架，明确（　　）的确切位置。

A．按钮　　B．输入框

C．图片　　D．文本

2．现阶段国内一些大型的互联网公司设置了专门的用户体验部门，如（　　）。

A．搜狐的UED　　B．百度的MUX　　C．携程的UED

D．网易的UEDC　　E．腾讯的CDC

3．有用性是交互设计的基础，易用性是用户体验，可以从（　　）等方面有效地提升用户体验。

A．注重易用性　　B．注重细节设计

C．加强触点管理　　D．注重实用性

三、判断题

1．支付宝的蚂蚁森林是为了解决支付宝如何赚更多钱的问题。(　　)

2．触点管理就是对用户与服务或系统的关键接触点进行规划与设计，使这些关键接触点变为用户满意的设计点。(　　)

3．在用户体验的5个层面中，框架层决定了表现层的视觉表达，结构层决定了框架布局，范围层决定了结构层的内容，战略层是范围层的制定依据。(　　)

2.5 作业

1．寻找一个能提供良好用户体验的数字产品，从用户体验的5个层面进行分析，对该数字产品优秀之处的具体表现进行详细说明。

2．寻找一个你认为用户体验不好的数字产品，从用户体验的5个层面进行分析，指出该数字产品不好的方面，并给出优化方案。

第 3 章

用户研究方法

用户研究对设计的最终产出起着至关重要的作用，它直接决定着设计的成败，因此在开始设计前，需要对用户进行深入的研究，了解用户的特性，找出目标用户，从用户的行为模式中挖掘用户的需求。用户研究方法是进行用户研究的有效手段，使用不同的研究方法可以从多个维度挖掘用户的特性和需求。

用户研究方法可以用于设计的全周期，在设计的不同时期起着不同的作用。无论是设计初期发掘用户的需求，还是设计末期帮助设计师选择设计方案，评估用户的接受程度，用户研究方法都起着非常重要的作用。需要注意的是，在设计实践中，往往不会单一地使用某种用户研究方法，而是会配合使用多种用户研究方法。本章主要讲解一些常用的用户研究方法。

3.1 焦点小组法

焦点小组法使用集体访谈的形式对相关话题进行讨论。通过对目标用户的访谈，深入了解相关问题。焦点小组法是20世纪30年代提出的，最初被称为“焦点访谈”，焦点小组法在用户研究中应用得非常广泛。使用焦点小组法可以帮助设计师快速地收集用户的意见，挖掘出意见背后的深层含义，为设计方案提供依据，如图3-1所示。

图3-1

焦点小组法的实施步骤如下。

步骤1：列出一组需要讨论的话题清单，清单里有3 ~ 5个讨论主题。在进行讨论时，焦点小组要对每一个主题进行充分的讨论，每个主题的讨论时间在10分钟左右。

步骤2：模拟一次焦点小组的讨论，对讨论的话题清单进行测试并进行改进。

步骤3：从目标用户群中筛选并邀请6 ~ 8人参与讨论。确定主持人和记录员，分别负责小组讨论的主持和内容纪要。主持人建议由经验丰富的人来担任；记录员负责记录讨论内容，方便讨论后做分析总结。

步骤4：进行焦点小组讨论，每次讨论的时间为1.5 ~ 2小时，通常至少需要进行3次焦点小组讨论。在进行讨论的过程中，对整个过程录像以便后续做记录与分析。

步骤5：对讨论的内容进行分析，总结焦点小组讨论得到的结果，展示结果，得出重要的观点信息。

3.2 问卷调查法

问卷调查法是通过使用一系列问题收集所需信息的研究方法。问卷调查法的形式有很多种，包括电话问卷、在线问卷、纸质问卷、面对面提问等。在设计实践中，设计师可以根据实际情况选择最适合的方式，如图3-2所示。问卷调查法能够有效地帮助设计师获得用户的认知、意见和行为发生的频率，寻找精准的目标用户群。在使用问卷调查法进行用户研究时，问卷的问题设计和调查人群的选择都非常重要，问卷的质量决定了最终结果的有效性。

图3-2

问卷调查法的实施步骤如下。

步骤1：根据所研究的内容，确定问卷的主题。

明确调研的目标对象和想要获取的信息，确定问卷的样本数量，以及发放和回收的方式——是采用纸质问卷、在线问卷还是电话问卷等。

步骤2：选择问题方式，如封闭式还是开放式。

封闭式问题指的是为问题提前设置好答案，供调研对象进行选择，如选择题。开放式问题指的是不为问题设置任何备选的答案，要求调研对象给出自己的观点和意见，如简答题。在进行问卷调研时，问题方式的选择是非常重要的，要避免出现收集无效答案的状况。如“你觉得在使用App时，安全问题重要吗？”，这个问题看似是开放式问题，但事实上每一个人都会说安全问题对他们来说非常重要。

开放式问题往往会使问卷的回收率降低，而采用封闭式问题的问卷的完成率和回收率都相对较高。采用开放式问题得到的答案会各式各样，数据分析工作会比较麻烦；而封闭式问题对答案的设计要求很高，如果调研对象无法找到适合的答案选项，那么设计师就无法获得真实有效的调研数据。因此在设计调查问卷时要有效地设计问题方式。

步骤3：设置问题。

所设置的问题要通俗，不要使用专业术语，否则会使调研对象感到困扰；要简洁明了，从易到难，减少主观题的出现，因为出现主观题时，用户很可能会随意填写；注意问题的数量，往往问题越多，问卷越长，完成问卷的人数就越少。

步骤4：对问题进行归类，决定问题的先后顺序。

所设置的问题之间要有一定的逻辑关联性，例如，在询问天气App的使用情况时询问性别是没有必要的，因为这两者之间不具有关联性。

步骤5：进行测试并对问卷进行改进。

对调查问卷进行测试，检测问题的方式和内容，并进行调整和改进。

步骤6：邀请适合的调查对象。

邀请适合的调查对象，减少无效的调研问卷的数量。

步骤7：使用统计数据对调查结果进行展示。

将问卷数据的结果以调研报告的方式展示出来，并讨论下一步的研究方向。

3.3 用户访谈法

用户访谈法就是通过与被访谈者进行面对面讨论，收集所需信息的一种用户研究方法，如图3-3所示。使用用户访谈法，不仅可以帮助设计师更好地理解用户的认知、意见、动机及行为方式，还可以通过对业内专家的访谈获得更多专业性的信息。与焦点小组研究法不同的是，用户访谈法能够更深入地挖掘信息，因为在访谈的过程中，访谈者与被访谈者（调研对象）是一对一的关系，可以对调研对象给出的答案进行追问。

图3-3

用户访谈法的实施步骤如下。

步骤1：制定访谈话题清单。

在开始正式的访谈前，准备一份访谈的话题清单。为了提高访谈质量，建议在正式开始访谈前，先进行一次试验性访谈。

步骤2：邀请适合的调研对象，可选择3 ~ 8名。

调研对象的数量可以根据所获得的信息决定，如果无法再获得更新的信息，可以停止访谈。最好能够选择不同性别、年龄、行业的调研对象，这样更具代表性。

步骤3：进行访谈，访谈的时间通常为1小时左右，对访谈的过程和内容进行录音。如有需要的话可以延长到2小时，不建议超过2小时。访谈最好是在一个轻松而愉悦的氛围中进行，轻松的氛围和有趣的谈话内容可以使调研对象坚持得更久。

步骤4：记录访谈内容，总结访谈笔记。

步骤5：分析访谈所得结果，进行归纳总结。

3.4 日记研究法

日记研究法以日记的方式对用户的日常活动进行记录，设计师通过对日记内容进行分析总结之后，挖掘出用户的行为习惯、态度和动机等信息。日记研究法需要用户在一个相对较长的时段内通过文字、图像、语音或视频对自己的日常生活行为和对产品的使用方式和习惯进行记录，如图3-4所示。相较于焦点小组法、用户访谈法，日记研究法更加灵活，对地点和调研对象的数量的要求都不是很高，虽然需要花费更多的时间和精力，但能持续获得用户宝贵的真实行为和体验的信息。

图3-4

日记研究法的实施步骤如下。

步骤1：制作日记材料。

在开始日记研究之前，需要先明确研究的目的、研究的时长、研究的行为，然后设计测试任务，制作日记材料包。可以使用一些小册子、贴纸等，不仅能让参与者感到放松，还能增强仪式感。

步骤2：招募参与者。

日记研究法对调研对象的数量要求不是很高，保证至少有6人即可。除此之外，日记研究法还不受地理位置的限制，可以邀请全国甚至是全世界的用户参与测试项目，从而获得不同文化背景下用户的体验数据。

步骤3：进行预测试。

预测试很重要，在进行正式的日记研究之前先邀请一些用户进行预测试，有助于发现其中存在的问题，从而能及时对所存在的问题做调整和修改，保证研究项目顺利进行。

步骤4：日记记录。

调研对象需要在一段时间内对自己的行为状态及体验过程进行记录。在日记研究项目中，需要与调研对象保持联系，可以通过奖励机制促使调研对象积极参与。日记研究法最大的风险就是调研对象中途退出，为了使调研对象能够持续地进行记录，可以通过在一些时间节点进行提醒的方式来督促。

步骤5：后续访谈。

当调研对象完成日记的记录之后，回收日记。在日记回收后的第一周内，调研对象的脑海中对日记所记录的内容还有一定的新鲜度，在这个时候访谈调研对象，对要深挖的问题和研究所需的其他细节进行追问，往往可以收到较好的效果。

3.5 卡片分类法

卡片分类法是一种简单、快速、低成本的用户研究法，有助于设计师快速地了解用户的心理模型和认知方式，创建出符合用户预期的信息结构。卡片分类法借助卡片，让参与者按照他们自己的逻辑对卡片上的主题进行分组，这是构建信息框架、确定功能和内容逻辑关系的一种非常有效的手段，如图3-5所示。

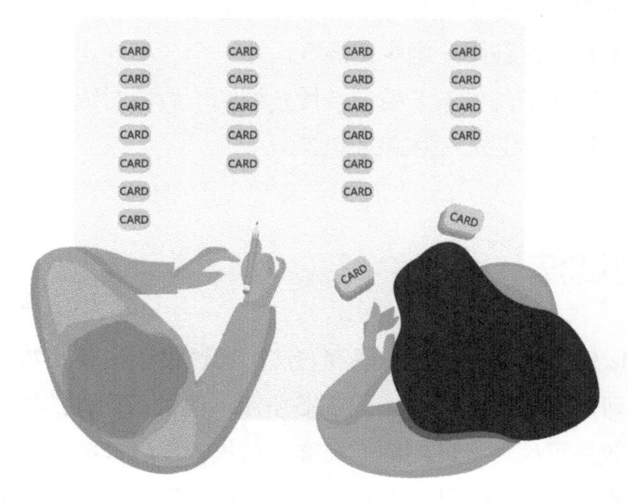

图3-5

卡片分类法的实施步骤如下。

步骤1：确定主题，制作卡片。

确定一系列主题，将每个主题写在每张卡片上。卡片的数量不能太少，也不能太多，最好为30 ~ 100张，最多不要超过300张。卡片上的内容应该具有代表性，名称要定义准确，描述清晰，避免产生歧义。可以在卡片名称的下方写上简短的解释性语言，以帮助用户更好地理解。保证卡片内容都在同一个层级上，避免出现包含关系。例如，在构建信息框架时，对功能的层级关系无法确定时，就可以使用卡片分类法，在卡片上分别写上各个功能的名称，如行程信息、特别推荐、好友列表等。

步骤2：选择并邀请调研对象。

选择并邀请贴近真实用户的调研对象。调研对象的选择对调研结果的质量起着很重要的作用，因此，要选择并邀请合适的调研对象。尽量避免邀请逻辑思维能力极差的人，因为卡片分类是一个逻辑分类的过程，要求调研对象具有较强的逻辑思维能力，如果被调研对象的逻辑思维能力差，那么所获得的结果会大打折扣，还会严重影响整个项目的推进。

步骤3：选择适合的场地。

选择适合的场地，使调研对象不受外界的影响与干扰。最好是选择相对封闭的空间，例如安静的会议室或者专业的用户调研室。在开始调研前，可以先介绍此次调研的背景和情况，营造令人舒服而放松的氛围。

步骤4：进行卡片分类。

将卡片的顺序打乱再交给调研对象，让他们对主题卡片进行分组。每次只给出一张卡片，要求将属于同类型的卡片放置在同一组中。最好设置一个“不确定”组，当调研对象无法判断卡片的内容意义时，可以将卡片放入该组。卡片分组完毕后再对组进行命名，这样可以避免调研对象在分类前看到组名而产生先入为主的思维。

3.6 可用性测试法

可用性测试法是以任务为导向的用户研究方法，通过设置任务，对用户的行为进行观察和记录，从而对产品的可用性进行评估，如图3-6所示。评估可用性的4个标准分别是有效、易学、高效、少错。有效是可用性测试的最低标准，首先要保证其能够有效地解决问题，其次是降低学习的门槛，即易学。基础的问题解决之后，才要求高效和少错这两个更高的标准。

图3-6

可用性测试法的实施步骤如下。

步骤1：前期准备，主要准备场地、设备、软件以及记录设备等。

最好是在专业的用户调研室进行，室内设有观察室和操作室，当调研对象在进行可用性测试时，观察人员能够在观察室中进行观察。观察最好是隐形的，当观察变得很刻意时会影响测试结果。如果不具备条件的话，也可以找一间安静的会议室，可以使用记录设备，如摄像机、录屏软件、录音笔等对调研对象的操作行为进行记录，以便后期对测试数据进行总结和分析。

步骤2：明确测试目的，设计测试任务。

由于可用性测试是典型的以任务为导向的研究方法，因此任务设计的好坏会直接影响测试结果的准确性。选取最核心的功能作为测试任务，为任务创建一个使用情境，该使用情境在测试开始前应有简短的描述，这有助于调研对象执行任务。在测试开始前，要明确测试任务、所需要的测试时间，以及所要收集的数据，为测试的正式开始做好准备。

步骤3：选择并邀请调研对象。

根据产品的目标用户情况，招募合适的调研对象，设定几类典型的用户组，每组可以多邀请1 ~ 2人作为备选。可以将调研对象分为两类进行可用性测试，一类是有过同类产品使用经验的，另一类是完全没有任何使用经验的。调研对象可以是亲友、同事（不能是该测试项目组的成员，同组人员会因为他们对设计任务过于了解而影响测试结果）。有的公司有自己的用户资料库，可以在用户资料库中挑选合适的调研对象，也可以委托第三方机构寻找适合的调研对象。

步骤4：进行测试。

在正式开始测试时，主持人先进行暖场，对测试的目的、时间和任务做基础说明，如有录音或录像需要提前告知，要与调研对象签订录像许可与保密协议。在进行测试时，先了解调研对象的背景，通过简单的访谈了解其基本情况，如年龄和职业，是否使用过同类产品等。当调研对象在进行任务操作时，不要对其进行干扰，测试人员做好观察记录。在调研对象完成任务操作后，最好能够进行事后讨论，询问调研对象在执行任务时所出现的问题。

步骤5：对测试结果进行分析。

对测试的结果进行整理和分析，通过测试结果判断此交互设计是否满足了用户的体验。通常需制作一份用户测试报告，报告中包括调研对象完成任务的情况，在执行任务时所遇到的问题，调研对象完成任务后的主观情绪以及他们的意见和建议。

3.7 数据分析法

数据分析法主要是通过收集整合相关数据，并使用特定的方法分析数据，从而发现问题并为解决问题提供数据支撑，如图3-7所示。这些数据包括页面平均浏览时间、会话量等。数据分析法是交互设计分析中重要的调研方法，是设计师依据数据变化对设计方案进行调整的有效方式。

图3-7

数据分析法的实施步骤如下。

步骤1：确定目标。

在进行数据分析之前一定先明确数据分析的目的，例如通过数据分析对网站改版升级后的效果进行评估。

步骤2：收集数据。

数据收集可以分为两大部分：一部分是基础数据的收集，即用户的基础特征，如用户的背景、教育程度、职业等；另一部分是用户行为数据的收集。大中型公司往往会设有自己的数据采集平台，如果没有内部的数据平台，也可以借助第三方平台工具进行数据收集。常用的第三方平台工具有Google Analytics、百度统计、友盟+等。

步骤3：分析数据。

收集完数据之后，对数据进行整理和分析，下面讲解一些常用的数据分析法。

① 对比分析。

对比分析可以说是最常使用的数据分析法，通过将两个或两个以上相关联的数据进行比较分析，从而发现事物的本质，了解其发展规律。要注意的是对比要建立在同一标准的维度上，如采用相同的计量单位、相同的计算方法等。只有对比的标准统一了，数据的对比分析才有意义。例如，对全年各个月的访问量进行对比分析。

② 漏斗分析。

漏斗分析是使用较多的数据分析方法，能够科学有效地反映用户的行为状态，以及从起点到终点的转化率。以在线图书销售平台为例，假如有100人访问了在线图书销售平台，其中有70人对图书进行浏览并将图书添加到了购物车中，这其中又有30人下单购买了所选的图书。那么，这整个过程共有3步：从第1步到第2步的转化率为70%，流失率为30%；从第2步到第3步的转化率约为43%，流失率约为57%。整个过程的转化率约为30%，流失率约为70%。这就是漏斗分析模型，如图3-8所示。

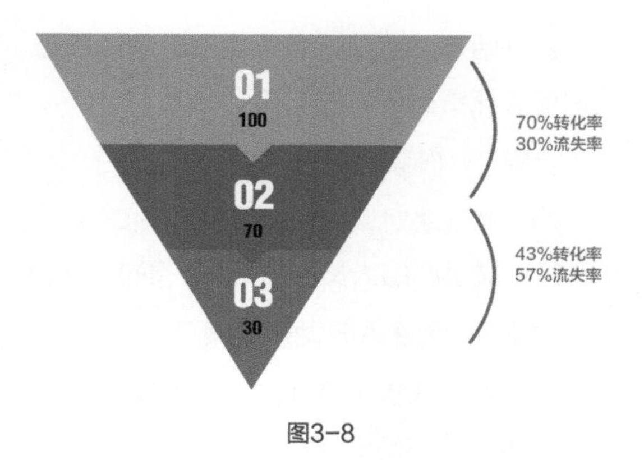

图3-8

步骤4：得出结论。

根据数据分析结果提出所发现的问题，从而找到最佳解决方案。

3.8 A/B测试法

A/B测试法是针对所要研究的问题准备两种或多种解决方案，然后将调研对象分成两组或多组，每组测试不同的方案，最终通过数据的对比找到最佳方案，如图3-9所示。在设计实践中，使用A/B测试法有助于减少团队间的冲突，消除设计中不同意见的纷争，根据实际数据确定最佳方案。通过对比试验，能够帮助设计师发现设计缺陷，找到问题产生的真正原因，从而对设计方案进行改进。A/B测试法还可以为设计的创新提供保障，能够有效地降低新产品或新特性发布的风险。

图3-9

A/B测试法的实施步骤如下。

步骤1：确定测试目标。

在开始测试之前，需要先确定测试目标，明确测试的目的。例如，如何提升用户黏性，使用户愿意花费更多的时间在产品上。

步骤2：招募调研对象。

A/B测试法对调研对象没有特别要求，在进行测试时，采用随机的方式将调研对象分成A、B两组，减小两组人员的差异性，确保测试的准确性。

步骤3：创建A/B两个方案。

准备两个或多个测试方案，创建设计原型并完成技术实现，以便调研对象能够有效地使用，从而获得有效的测试数据。

步骤4：开始测试。

按照计划执行测试，当调研对象开始使用产品时就会产生许多有用的数据，收集这些使用数据。

步骤5：分析测试结果。

当测试完成后，设计师将A、B两组的数据进行收集、比较、分析。根据测试结果，选出最佳的设计方案。要注意的是A/B测试法所选出的方案只是相对而言的最佳方案，并不是绝对意义上的最优秀的解决方案。这就意味着在整个设计过程中，可以不断地实施A/B测试法，因而A/B测试法是产品升级迭代的一种有效手段。

3.9 眼球追踪法

眼球追踪法需要借助专业的仪器设备，对调研对象的视线活动进行监控，从而了解其行为特征，如图3-10所示。通过眼球追踪获得信息，往往能比可用性测试法和用户访谈法获取的信息更有价值。有时人的语言会产生欺骗性，但行为却是无法骗人的，使用眼球追踪法，可以追踪记录调研对象的视觉行为，从而获得准确的数据信息。

图3-10

例如，著名的F型浏览模式就是通过眼球追踪法所得出的结果。在对调研对象的眼球活动进行追踪时发现，他们在浏览网页页面时，大多数的情况下都会不由自主地以字母“F”形的模式进行浏览。因此，在使用搜索引擎进行信息搜索时，可以看到在搜索的结果页面中，往往最贴近搜索结果的信息，即最重要的信息会位于页面的左上角，搜索出来的信息按照与搜索结果的关联程度以横向、左对齐，从上到下的方式进行排列，所有的次要信息均会被安排在页面右边。

眼球追踪法的实施步骤如下。

步骤1：确定测试目标，设计测试过程。

在开始测试之前，需要先确定测试目标，明确测试的目的。例如，哪种页面布局更加吸引人，人们愿意花费更多的时间进行阅读。准备测试任务和测试材料，如两个不同的界面，准备实验场地，环境要干净整洁、低照度，避免分散调研对象的注意力。如果有条件，可以设置双屏显示器，一台用于测试，另一台用于设计师观察。

步骤2：在正式开始之前进行预测试。

与其他实验不同，眼球追踪法是生理实验，如果在测试过程中出现突发状况会对测试结果产生极大的影响。因此在开始进行正式测试前要进行预测试，以有效地保障正式测试的顺利进行。

步骤3：招募调研对象。

由于眼球追踪法是对眼球的运动轨迹进行记录的过程，所以在招募调研对象时，对其眼睛的健康情况有一定的要求。首先，调研对象的双眼要没有任何眼疾，不可以有高度散光，因为眼动仪很可能记录不到有散光的眼睛的运动数据。调研对象可以佩戴眼镜，但镜框不能太粗，而且一般不要佩戴隐形眼镜。

步骤4：开始测试。

在开始正式测试之前，需要先对眼动仪进行校准。校准非常关键，它直接决定着测试结果。一般会采用5点校准，当然，校准的点数越多就会越准确。可以让调研对象先熟悉流程，在正式测试时更换正式的测试材料。

步骤5：测试完成后进行访谈。

当测试完成后，对调研对象进行访谈是非常重要的。在测试的过程中，设计师可以实时地观察到调研对象的眼球运动轨迹，当调研对象的视线并没有按照预期关注某个区域时，就可以在测试结束后的访谈中，通过与调研对象沟通找出原因，为后续的分析总结提供更丰富的信息。

3.10 同步强化模拟题

一、单选题

1.（ ）可以用于设计的全周期，不论是对设计初期发掘用户的需求，还是对设计末期帮助设计师选择设计方案，评估用户的接受程度，都起着非常重要的作用。

A. 资源研究方法　　B. 产品研究方法

C. 用户研究方法　　D. 技术研究方法

2.（ ）是以日记的方式对用户的日常活动进行记录，设计师通过对记录的日记内容进行分析总结之后，从中挖掘出用户的行为习惯、态度和动机等。

A. 日记研究法　　B. 用户访谈法

C. 问卷调查法　　D. 焦点小组法

3. 针对所要研究的问题准备两种或多种解决方案，然后将被调研的用户分成两组或多组，每组测试不同的方案，最终通过数据的对比找到最佳的方案，这属于用户研究方法中的哪一种？（ ）

A. 数据分析法　　B. 可用性测试法

C. A/B 测试法　　D. 卡片分类法

4. 卡片分类法借助于卡片，让调研对象对卡片上的主题按照他们所认为的逻辑进行分组，它是（ ）、确定功能和内容逻辑关系的一种非常有效的手段。

A. 感知客户信息　　B. 制定信息渠道

C. 开发新型技术　　D. 构建信息框架

5.（ ）是数据分析中使用较多的分析方法，能够科学有效地反映用户的行为状态，以及从起点到终点的转化率。

A. 对比分析法　　B. 漏斗分析法

C. 方案分析法　　D. 链接分析法

二、多选题

1. 可用性测试法是以任务为导向性的用户研究方法，通过任务的设置，对用户的行为进行观察和记录，从而对产品的可用性进行评估。评估可用性的标准分别是（ ）。

A. 有效　　B. 易学　　C. 高效　　D. 少错

2．常用的第三方数据收集平台工具有（　　）。

A．Google Analytics　　B．百度统计

C．友盟+　　D．Power BI

3．可用性测试法是以任务为导向性的用户研究方法，可用性测试法具体的实施步骤是（　　）。

A．前期准备，主要是场地、设备、软件以及记录设备等

B．明确测试目的，设计测试任务

C．选择并邀请调研对象

D．进行测试

E．对测试结果进行分析

4．数据分析法通过收集整合相关数据，并使用特定的方法对数据进行分析，从而发现问题并为解决问题提供数据支撑。数据分析法具体的实施步骤包括（　　）。

A．对问题进行分类

B．确定目标

C．收集数据

D．分析数据

E．得出结论

5．眼球追踪法需要借助专业的仪器设备，对调研对象的视线活动进行监控，从而了解其行为特征。眼球追踪法具体的实施步骤是（　　）。

A．确定测试目标，设计测试过程

B．在正式开始之前进行预测试

C．招募调研对象

D．开始测试

E．测试完成后进行访谈

三、判断题

1．数据分析法是以任务为导向性的用户研究方法，通过任务的设置，对用户的行为进行观察和记录，从而对产品的可用性进行评估。（　　）

2. 可用性测试法是数据分析中使用较多的分析方法，它能够科学有效地反映出用户的行为状态，以及从起点到终点的转化率。(   )

3. A/B测试法对被调研对象没有特别要求，在进行测试时，采用随机的方式将调研对象分成A、B两组，减小两组人员的差异性，确保测试的准确性。(   )

3.11 作业

使用用户访谈法、问卷调查法、焦点小组法对中老年人使用音乐播放器的情况进行调研，并撰写调研报告。

【要求】

访谈人数：3人。

问卷调查：50份。

焦点小组：每组6人，进行3轮。

第 4 章

交互设计流程

数字媒体交互设计的流程包括用户调研、需求分析、用户角色模型创建、故事板绘制、用户体验地图制作、竞品分析、信息框架搭建、流程图绘制、线框图绘制、情绪板创建、视觉设计、交互原型设计、用户测试、迭代。学习和掌握好数字媒体交互设计的流程，能够有效地保证项目的顺利进行，优化项目质量。

4.1 用户调研

用户调研的第一步，就是明确调研目标，即用户，这也是整个调研过程中最重要的一步。根据调研目标选择正确的用户研究方法，寻找目标用户，明确用户需求，才可以决定发展方向，制定相应的设计策略。

在第3章中已经介绍了一些常用的用户研究方法，此外，还有实地研究法、网站流量/日志文件分析法等，这里就不逐一详细介绍了。不管是何种用户研究方法，总的来说都是在研究用户的态度或行为，所采用的研究范式基本上是定性研究或定量研究。例如，用户访谈法往往就是用于调研用户相关态度的，其研究范式是定性研究；A/B测试法则是多用于研究用户相关行为的，其研究范式是定量研究。

1．定性研究

定性研究是指从小规模的样本中发现新事物的方法，主要目的是确定“选项”和挖掘深度，思考用户表达背后的原因，挖掘深层次的需求。定性研究通常会采用用户访谈法、可用性测试法等用户研究方法进行研究。在进行多人访谈后一定要进行交流，沟通和总结访谈的内容，思考用户会在哪些场景中使用该产品，为什么在这些场景下会使用这个产品，并且在每个场景中用户的需求是什么。

2．定量研究

定量研究是指使用大量的样本测试和证明某些事情的方法。常采用的用户研究方法有问卷调查法、网站流量/日志文件分析法等。问卷调查法一般用于用户访谈之后，通过用户访谈判定基本方向及要点，再通过问卷对各需求的关键点进行定量分析与验证。

3．行为研究

行为研究是对用户行为层面的研究，目的在于了解用户对产品和服务所采取的行动。例如，用A/B测试法查看不同的设计对用户行为所产生的影响，用眼球追踪法检测用户在观看界面时的视线行为特征。

4．态度研究

态度研究是指关注用户所持有的观点，了解用户的思想、感觉、需求、态度和动机。从长期来看，态度可以驱动行为。例如，问卷调查法可以对用户的态度进行衡量和分类，从而发现所存在的问题，而问卷的数量又可以从定量的维度上对需求的关键点进行验证；焦点小组法可以通过所设置的小组环境获得用户对产品的真实观点。

4.2 需求分析

需求分析是产品设计中一个非常关键的过程，以“用户需求为驱动”的设计要先明确用户需求是什么，然后才能通过需求分析寻求解决方法。理清需求的等级，有助于资源管理和时间分配。

1．收集需求

利用之前介绍的用户研究方法对用户进行调研，从定性、定量、态度、行为4个维度获得用户的需求反馈。设计师需要对需求进行分析，判断哪些是真正的需求，哪些是伪需求，并对需求进行分级，决定哪些是刚需，即一级需求，从而将更多的精力和时间投入其中。

2．需求的等级评价

很多时候，一个产品不只有一个功能，而是有一系列功能，不同的功能对应用户不同的需求。用户的需求多种多样，现实中不可能做到所有需求都被满足，这时就要做需求的等级评价，对需求进行分析，挖掘出最具有价值的用户需求。

这里有个公式可以对需求的等级进行评价，帮助设计师设定需求的优先级：一般从依赖度、使用频次、使用人群等3个维度进行评价，如图4-1所示。在对每个维度打分后再做乘法。

依赖度：非常依赖（3分），一般依赖（2分），不太依赖（1分）。

使用频次：频繁使用（3分），经常使用（2分），偶尔使用（1分）。

使用人群：大部分用户（3分），一般用户（2分），小部分用户（1分）。

图4-1

下面是某个需求等级评价的计算过程。

A功能：大部分用户（3分），一般依赖（2分），经常使用（2分），于是其需求等级的评价值为3×2×2=12。

B功能：一般用户（2分），非常依赖（3分），频繁使用（3分），于是其需求等级的评价值为2×3×3=18。

评价结果：由于12<18，所以B功能的优先级高于A功能的优先级，因而需要在时间和精

力上优先满足B功能的需求。

一般情况下，可以根据需求的重要程度划分需求等级。下面以微信的功能需求为例进行介绍。微信的主要功能分为以下3个级别。

一级需求：通信。通信是刚需，是必不可少的功能，是产品的核心和本质，也是日常使用最多的功能。

二级需求：朋友圈、附近的人和摇一摇。通信对于大部分人来说是被动性的，只有在收到消息时才会去查看。为了增强微信的回访率和使用时长，微信有了朋友圈，从而使用户有了更多的消费内容，同时也与其他产品产生了差异。附近的人和摇一摇功能是加强应用程序可消费性的工具，它满足了一部分用户扩展社交的需求。由此微信完成了由工具型产品向社交型产品的转变。

三级需求：扫一扫、钱包、银行卡。扫一扫是工具需求，它不一定要存在，但它的存在可以帮助用户省却安装其他“扫一扫”类型应用程序的麻烦。钱包和银行卡是商业需求，是利用用户规模进行营利的方式。

4.3 建立用户角色模型

完成用户研究和需求分析之后，就可以开始建立用户角色模型。不同用户群的需求是不同的，产品是为用户群服务的，用户群的基数越大，产品的标准就越低。如果产品适用于每一个人，那产品就毫无特色可言。产品的目标是服务于特定用户，那就需要为他们设计开发出标准高、满意度高的产品。

要注意的是，用户角色模型既不是真实的人物，也不是统计学上的平均用户，也不是市场细分，而是具有目标用户群体特征的综合模型。用户角色模型不仅可以帮助产品经理明确用户的需求，而且还方便与其他人员进行沟通，是提高决策效率的有力工具。一般情况下一个产品需要3个人物角色。一是首要人物角色——理想的目标用户（首要人物角色的需求必须满足）；二是次要人物角色——潜在用户（满足部分需求）；三是一般人物角色，即一般用户，如图4-2所示。

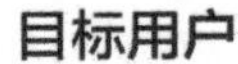

图4-2

4.3.1 用户角色模型的作用

用户角色模型要对用户的行为、价值观及其需求进行描述与勾画。创建用户角色模型有助于设计师聚焦于特定的目标用户群，而非所有的用户。用户角色模型代表着目标和行为模式，使对用户的探讨更加便捷、有效，设计流程更加人性化。

创建用户角色模型有助于设计团队将工作的重心集中在用户的目标和需求上，根据大多数用户需求的模型进行设计，即使用户模型发生变化，也可以快速地接受，转变认知。在真实的实践中，经常会出现用户所说和所做不一致的情况。当这种情况发生时，对用户需求的收集、分析和满足都会发生偏差。使用用户角色模型就可以有效地避免此类情况的发生，因为用户角色模型是综合分析用户群体特征的结果，并非是单个人的特征分析的结果。在设计过程中出现矛盾时，还可以根据用户角色模型调整决策。

4.3.2 创建用户角色模型的方法

创建用户角色模型可以分为3个步骤，具体如下。

步骤1：收集大量的与目标用户相关的信息。

步骤2：筛选出最具有代表性的目标用户群和用户特征。

步骤3：创建3 ~ 5个用户角色。

（1）为每个角色起名字。

（2）尽量在一张纸上表现一个人物角色，确保描述清晰、到位。

（3）运用文字和人物图片表现用户角色的背景信息和特点。

（4）添加详尽的个人信息，使用户角色更加生动、全面，如年龄、教育背景、工作、爱好和家庭状况等。

（5）将每个用户角色的主要特征和生活目标包含其中。

图4-3和图4-4为创建的用户角色模型。

周雪华
退休会计

角色：用户
年龄：55
教育程度：大学
常住地：北京
家庭状况：已婚、一儿，一孙子
爱好：旅游、唱歌、广场舞
智能手机的使用程度：基本操作
使用设备：iPhone 8
常用的App：微信、抖音
手机使用时间长度：4~5小时

外向 ★★★★★
分享 ★★★★★
学习 ★★★★★

故事介绍

周奶奶自从退休以后，就拥有了很多闲暇时光。周奶奶有一副好嗓子，会时常演唱一曲，喜欢将自己演唱的歌曲分享给亲朋好友，希望获得大家的肯定和赞赏，有时还会约一帮老友去KTV。除了照料好日常家中的一切外，还加入社区的文艺团体。每天早晨的锻炼和晚上的广场舞都是周奶奶最热衷的活动，有时还会带着小孙子一起去。周奶奶有很多朋友，热爱社交，喜欢和朋友们一起分享生活见闻。

使用场景

* 在做家务时，喜欢听音乐，让心情更加放松，还喜欢跟着一起唱，边唱边干活。
* 闲暇时喜欢学习新的歌曲，为了记住歌词，只好手抄歌词，反复记忆。还喜欢录下自己演唱的歌曲，分享给亲朋好友。
* 每天的广场舞必不可少。作为广场舞团体的主要成员，经常需要在网上找一些适合的音乐，学习一些舞蹈。平时喜欢刷抖音寻找伴舞的音乐和舞蹈教程，并将其分享给舞蹈队中的小伙伴。
* 有时还需要帮助儿子照料小孙子。有时小孙子比较吵闹，给他播放一些儿歌，可以有效地安抚他的情绪。

核心需求

* 音乐播放、收藏、搜索（语音搜索、手动搜索、模糊搜索）、记忆等功能。
* 操作路径短，能够快速达到目标。
* 内容层级明确，操作简化。
* 满足演唱的功能。
* 满足分享的功能。

痛点&愿景

* 在做家务时，总是找不到最适合边做家务边听的音乐，希望有一个非常适合做家务时听的音乐集。
* 有时在刷抖音时，听到好听的歌曲，可又不知道是什么歌，希望能实现最简化的跨平台听歌识曲的功能。
* 可以实现演唱的功能，希望能够提供相应的伴奏，以及歌词的记录和分享功能，并且可以进行录音，分享到其他平台上。
* 可以实现以音乐交友的功能，如组织朋友在小组群里进行音乐分享与广场舞的学习和讨论。
* 提供亲子互动功能，增加祖孙间的互动，减轻照顾孩子的辛劳感。

图4-3

姚仲书
退休科员

角色：用户
年龄：65
教育程度：高中
常住地：上海
家庭状况：已婚，一儿一女，一孙女
爱好：唱歌、戏曲、下象棋
智能手机的使用程度：基本操作
使用设备：华为nova5
常用的App：快手、微信
手机使用时间长度：5~6小时

外向 ★★★★★
分享 ★★★★★
学习 ★★★★★

故事介绍

姚爷爷的性格比较内向，喜欢一个人独处，闲暇时在家看看电视，听听歌曲和戏曲，但很多时候看电视时都没有自己喜欢的节目和歌曲，想去网上找，也不知道怎么操作，需要子女帮助才可以完成。有时子女太忙，他又不太愿意打扰子女，给子女添麻烦。姚爷爷的学习能力很强，但上了年纪，还是力不从心，太过于复杂的操作，太多的应用顾及不了。姚爷爷对生活的品质有追求，在家听音乐时，喜欢连接家庭音响，很享受沉浸在音乐中的感觉。晚上睡觉喜欢伴随着声音入眠，时常需要开着电视，听着音乐或者戏曲才能入睡，但往往因为无法控制播放时间而影响睡眠。

使用场景

* 一个人独处时喜欢连接家庭音响听一些老歌、戏曲，喝喝茶，独自享受闲暇生活。
* 有时想听一些怀旧的曲子，不知道如何查找，只知道曲调和零散的歌词。
* 晚上睡觉时，喜欢伴随着声音入睡。睡觉很轻，一旦被强制打断睡眠，就会头疼，全身都感觉疲惫。
* 只会使用简单的选择、播放的操作，其他功能不太会使用，需要请教儿女，但总也记不住。

核心需求

* 音乐播放、收藏、搜索（语音搜索、手动搜索、模糊搜索）、记忆、分享、创建歌单等功能。
* 操作路径短，能够快速达到目标。
* 内容层级明确，操作简化。
* 简化的蓝牙连接共享功能。
* 播放的时间定制功能。
* 反复的教学演示功能。

痛点&愿景

* 在家想独自连接家庭音响享受音乐时，有时会出现设备无法连接的问题，自己又无法解决。只能使用手机播放，有时连接上了，又无法实现想要的音响效果，希望简化连接的步骤，实现智能化的操控。
* 对于一些有年代感的老歌和戏曲，只记得大概的曲调和零散的歌词，并且曲调和歌词也不一定准确。希望具有模糊的搜索功能，并且能根据日常的歌曲播放、收藏和记忆，推荐相关联的歌曲。
* 希望能够有反复教学引导的功能，可以反复地对使用方法进行指导；在自己真正需要帮助时，可以向子女或者朋友求助。
* 睡觉时喜欢开着声音，需要有时间控制的功能，并且在定时关闭时声音不会戛然而止，使人惊醒。在听戏曲时，不会只听完了一段戏曲，定时时间没有到，声音却停止了，需要点击“下一首”，才能继续播放，反复操作会使人睡意全无。

图4-4

4.4 绘制故事板

创建完用户角色模型之后就可以开始绘制故事板。故事板是使用视觉方式讲述故事的方法，陈述所设计的产品在应用场景中使用的过程。故事板是在进行原型设计之前，将抽象的概念转换成具象的事物的一种快捷方式。每一步的体验配合相应的图像，可以粗略地描述出某一时刻正在发生的事情。富有感染力的视觉表达，使用户的行为、动机和目的都可以清晰地呈现出来。故事板可以使设计师更加了解目标用户，以及产品的使用情境和使用方式，并使团队在项目的主要目标上保持一致。故事板还可以帮助设计师从一项体验出发，思考整个体验过程，这样可以为后续的工作节省大量的时间，避免后续的返工和大量的修改。

4.4.1 故事脚本

故事板可以应用在整个设计流程中，随着设计的不断推进，故事板也会不断地进行改进，内容会逐渐丰富，融入更多细节信息，帮助设计师探索新的创意并做出决策。在创建故事板时，不需要过度担心绘画技巧，粗略的表达甚至是使用小木棍都可以创建一个故事板，重点是要聚焦于用户的体验，将问题描述出来，并描述出如何帮助用户解决问题。

绘制故事板时必然需要准备故事脚本，故事脚本是基于文本的。故事板中的故事脚本描述的是体验过程，它通过对行为、行动的描述表达用户的需求和需求的解决过程。在实践中会发现，有一些很有吸引力的构想是很难通过用户体验的形式描述出来的，故事脚本就能够很好地解决这个问题，如图4-5所示。

陶乐在逛街时看到过路人肩上背的包很好看，想上前贸然询问又觉得非常尴尬。于是打开了淘宝扫一扫识别功能，淘宝自动调取了手机的相机功能。由于距离太远，手机进行文字提示"请离近一点儿试试"，陶乐走近了几步。系统自动抓取了画面内容进行扫描，弹出查看相似宝贝的按钮，陶乐点击后，淘宝立即根据陶乐平时购物的价位、质量等相关数据和图片扫描结果进行匹配，筛选出了一系列同类商品供陶乐选择。

图4-5

4.4.2 创建故事板的方法

在创建故事板时，同时要考虑故事发生的场景，用户是在什么时候、什么地方与产品发生了交互，用户和产品在交互的过程中发生了什么行为，这个行为是什么样的，用户的生活方式、用户的动机和目的是什么。

创建故事板可以分为如下4个步骤。

步骤1：确定用户角色和使用情境。

（1）用户角色：选择一个目标用户角色，最好是使用之前创建好的用户角色模型，不能是臆想出来的人物角色，因为用户的行为、习惯、喜好、期望等因素都决定着他们使用产品时的行为和决策。

（2）使用情境：在整个故事板中，用户角色不会孤立存在，需要一个承载形象的场景和环境，这个环境包括线上环境和线下环境，如网络、咖啡店等。

步骤2：设定故事情节和想要表达的信息。

设定故事情节，故事的描述要简单、清晰、易懂，要紧紧围绕着角色和行为展开，要避免跑题。在整个故事中，要包含用户目标、触发事件、行为流程、行为结果等。

步骤3：绘制大纲草图。

先确定时间轴，可以先使用纯文本和箭头对故事进行梳理，抓住故事的关键连接点，标注出重点呈现的部分。在每个步骤中可以通过添加表情符号来帮助他人了解角色情绪和思想的变化，重点是角色的期待和结果对角色的影响。

步骤4：绘制完整的故事板。

将简单的故事情节转换成画面，在画面中体现行为过程和角色的情绪和思想。故事表达要具有层次感，可以添加一些人物表情、界面图形、环境和场景等增强故事板的表现力和可读性。同时还可以添加一些简短的文本解释，确保重要的信息在故事板中得到有效地传达。

图4-6为故事板的基本形态展示。

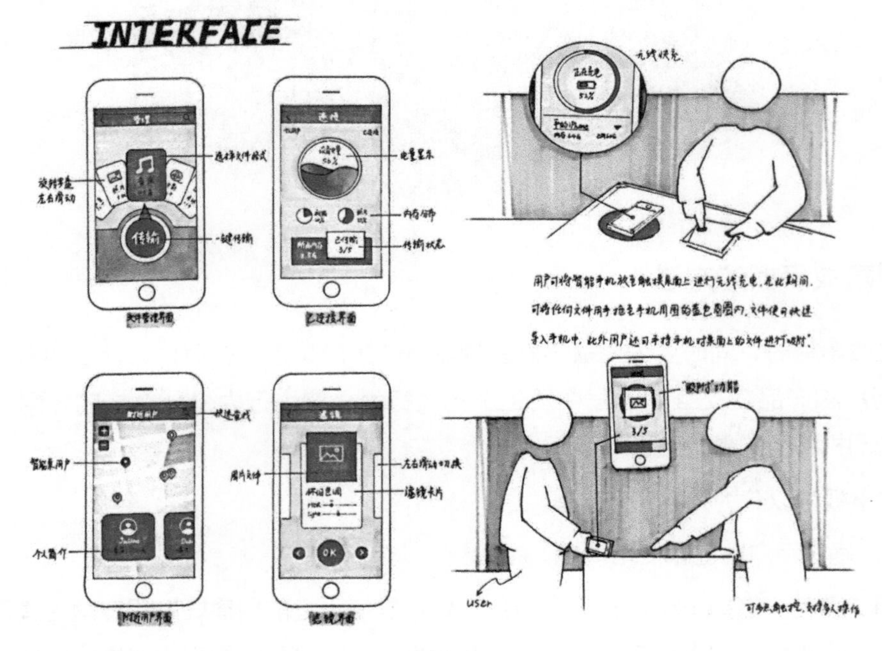

图4-6

4.5 制作用户体验地图

故事板体现的是用户行为的一种情境，而用户体验地图体现的是用户在情境中每一个体验阶段的状态。用户体验地图不仅可以帮助设计者和决策者对用户体验有一个更直观的认识，而且可以帮助设计者更深入地了解用户，更好地挖掘产品的优化点和设计的机会点。

4.5.1 用户体验地图的定义

用户体验地图是展示用户在每个体验阶段的行为、痛点和情感的一种可视化的图表。用户体验地图从用户的角度出发，通过故事的叙述方式描述用户使用产品的情况，通过视觉化的图形方式展示用户在整个使用过程中的痛点和满意点，从而提炼出产品可以优化的部分或设计的机会点，梳理出需求的优先级。用户体验地图中的典型元素包括具体行为、行为路径、工作目标（或内容）、情感和想法、痛点等。例如，下面这款中老年音乐播放器的用户体验地图就是从具体行为、情感和想法、痛点3个方面展开的，如图4-7所示。

中老年音乐播放器

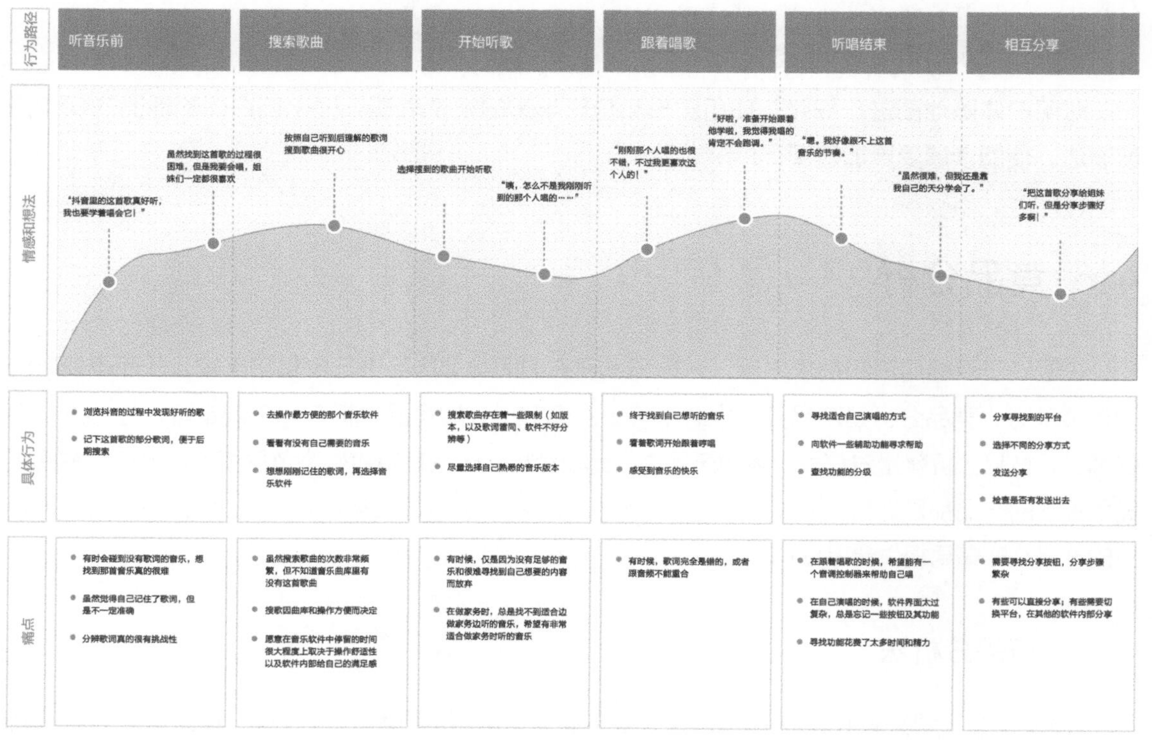

图4-7

4.5.2 绘制用户体验地图

在绘制用户体验地图时，需要先完成用户调研和资料的收集工作。前期的用户调研、需求分析，以及创建用户角色模型与故事板都为用户体验地图的绘制提供了用户角色和任务目标。绘制用户体验地图的步骤如下。

步骤1：创建用户角色模型。

步骤2：设置场景、目标和期望。

所有的场景、目标和期望都要围绕着一个用户画像来创建，以确保创建的情境与真实状况更加贴近。

步骤3：确认行为路径。

将行为路径进行分级，可以将其分为多个层级，以便后续从不同的层级呈现具体的行为。

步骤4：描述用户体验地图的典型元素。

描述用户体验地图的典型元素，如具体行为、情感和想法、痛点。要注意的是这里的具体行为是来自前期的调研和观察，是基于用户角色模型的行为动作。痛点只注重问题的描述，不涉及解决方案。

步骤5：细化用户体验地图。

对用户体验地图进行细化，使用图形和色彩丰富的视觉表现，强化用户体验地图的视觉语言表达，使阅读感受更加直观。

4.6 竞品分析

在明确了目标用户和需求之后，对市场上现有的同类型产品进行收集和比较，从而寻找新的设计突破点。竞品分析是产品开发中必不可少的环节，好的竞品分析有利于制定可行性办法。顾名思义，竞品分析就是对竞争对手的产品进行比较分析，无论是有直接竞争关系的产品还是有间接竞争关系的产品都是竞品。要学习竞品的优势，规避其不足，寻求差异化发展。竞品分析可以为企业的产品战略布局提供参考依据。

4.6.1 竞品分析法

做竞品分析可以采用很多种方法，下面详细介绍常用的几种方法。每一种方法都有其适用的场景，在实践中往往会综合使用几种方法。

1. 比较法

比较法是指与竞品做横向比较，通过横向比较分析得出其优势与劣势，以深入了解竞品。在进行横向比较时，可以使用打钩比较法、评分比较法和描述比较法。图4-8所示为打钩比较法的运用实例。

功能列表	QQ音乐	酷狗音乐	网易音乐
搜索	√	√	√
排行榜	√	√	√
创建歌单	√	√	√
电台	√	√	√
免流量服务	√	√	√
关注/粉丝	√	√	√
每日歌曲推荐	√	√	√
音效选择	√	√	√
跑步FM	√	√	√
喜欢	√	√	√
分享	√	√	√
删除	√	√	√
会员	√	√	√
定时关闭	√	√	√
百变播放器	√	×	×
听歌识曲	√	√	×
音质选择	√	√	×
那年今日	√	√	×
歌词海报	√	√	×
设置铃声	√	√	×
视频MV	√	√	√
歌单推荐	√	√	√
动态	×	√	√
评论	√	√	√
附近	×	√	√
音乐云盘	×	√	√
AI朗读	×	√	√
MLOG	×	×	√
用户等级	√	√	√

图4-8

2. 矩阵分析法

矩阵分析法是指以二维矩阵的方式对自己的产品与竞品的定位、特色或优劣势进行分析比较。选择两个关键竞争要素，并以此为依据分别画横轴与纵轴，形成二维矩阵。然后根据竞品在这个关键竞争要素上的表现，将其放到矩阵中相应的位置，并思考自己产品在矩阵中的定位。相关实例如图4-9所示。

3. 竞品跟踪矩阵法

竞品跟踪矩阵法是指通过对竞品的历史版本进行跟踪记录，找到竞品各版本发展的规律，从而推测出竞品下一步的发展计划。竞品跟踪矩阵法的分析要素包括时间、历史版本的版本号、每个版本的变化要点及外部环境变化。相关实例如图4-10所示。

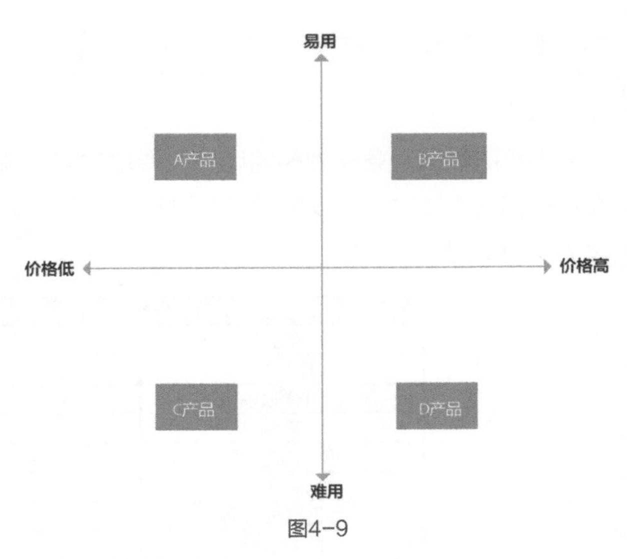

图4-9

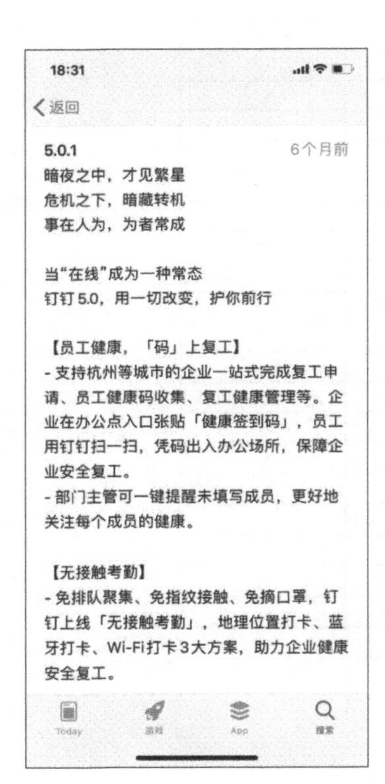

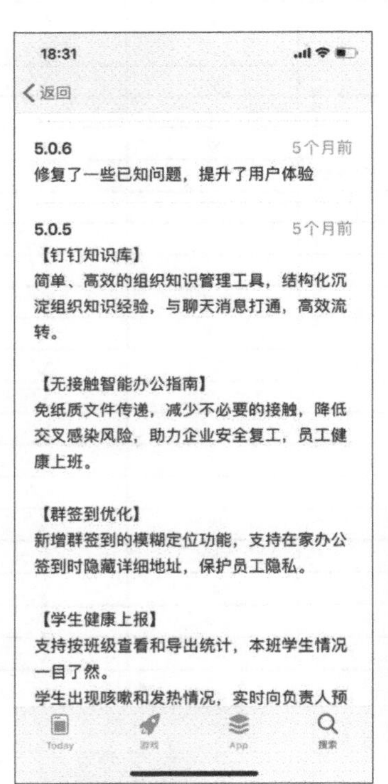

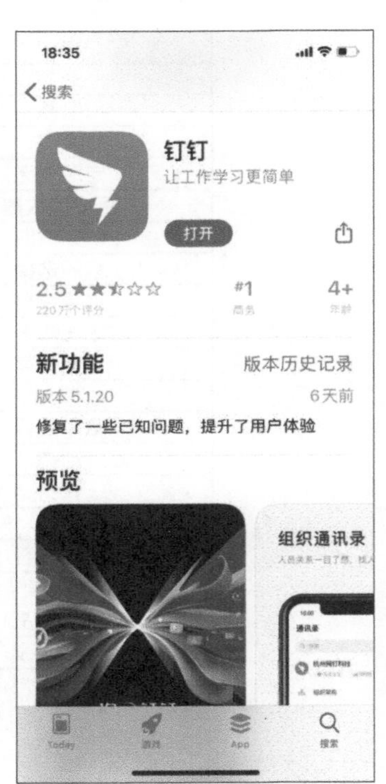

图4-10

4. 功能拆解法

功能拆解法是指按照功能等级，将竞品分解成一级功能、二级功能、三级功能，甚至更多等级的功能，以全面地了解竞品的功能情况。对功能进行拆解时可以使用4种方法：① 依据其菜单导航将功能拆解为一级功能和二级功能；② 按照使用的流程进行拆解，如购物时，常使用的搜索、查看、购物车、提交订单、结算、支付等功能；③ 按交互操作进行拆解，如双击、长按、拖动、右键、滑动式语音输入、重力感应等；④ 按使用手册或更新的版本记录进行拆解。

5. 探索需求法

探索需求法主要用于挖掘竞品功能所满足的深层次的用户需求，从而找到更好的解决方案，提升竞争力。用户需求可以分为3个层次：方案需求、问题需求和人性需求。在得到用户需求时，不要直接去满足需求，而是要深挖方案需求相对应的问题需求，甚至是人性需求。可以采用“5WHY分析法”，即对一个问题连续发问，抽丝剥茧，层层深入，如图4-11所示。

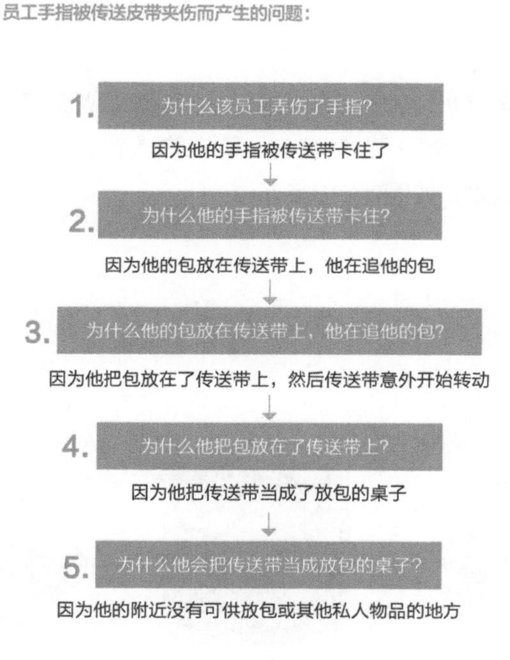

图4-11

6. PEST分析法

使用PEST分析法对客观环境进行分析，认清威胁与挑战，以便找到发展机会。所谓的PEST，即P指政治（Politics）环境，E指经济（Economy）环境，S指社会（Society）环境，T指技术（Technology）环境，如图4-12所示。

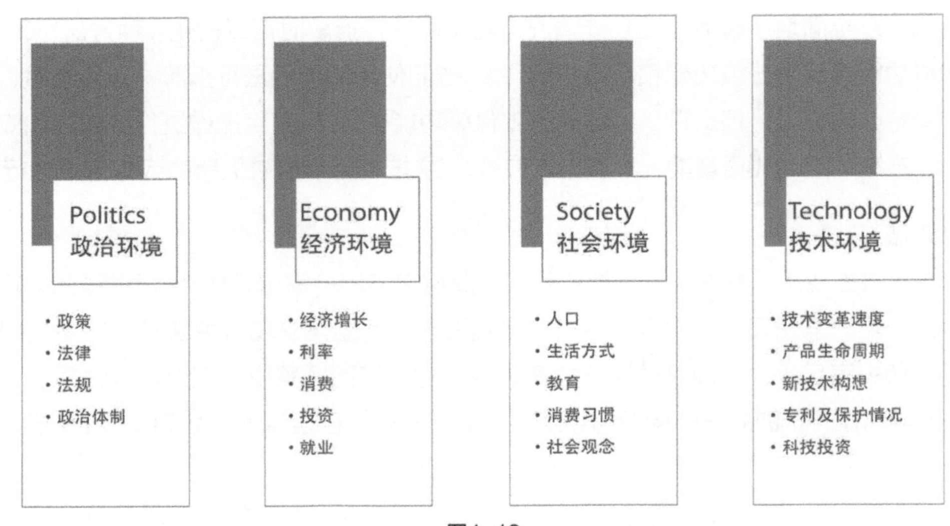

图4-12

7. 波特五力模型

波特五力模型主要用于分析行业环境，评估某一行业的吸引力和利润率，从而找到机会与威胁。该模型中的“五力”是指同行业竞争者、潜在进入者的威胁、替代品的威胁、供应商的议价能力和购买者的议价能力，如图4-13所示。

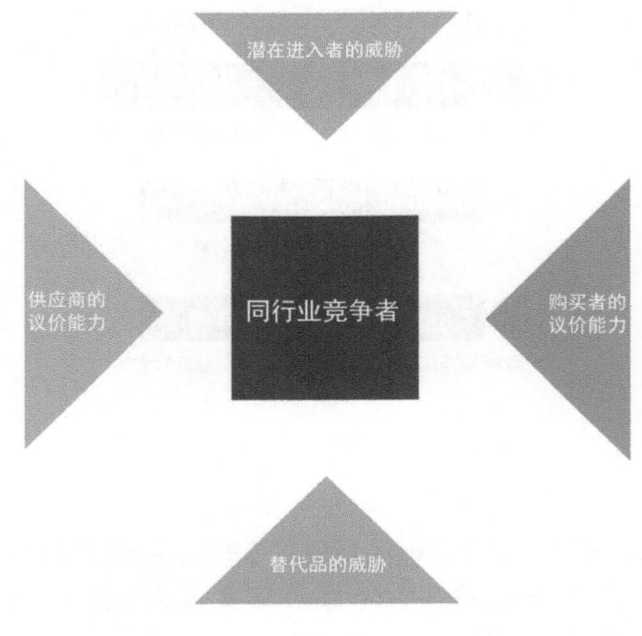

图4-13

8. SWOT分析法

SWOT分析法是竞品分析常用的方法之一，用于分析产品的优势（Strength）、劣势（Weakness）、机会（Opportunity）和威胁(Threat)，从而制定出适合的竞争策略。优势和劣势主要分析自己产品与竞品的表现，而机会和威胁主要分析外部环境的变化对产品产生的影响。使用这种分析方法可以充分了解如何扬长避短，避开威胁，抓住机会，如图4-14所示。

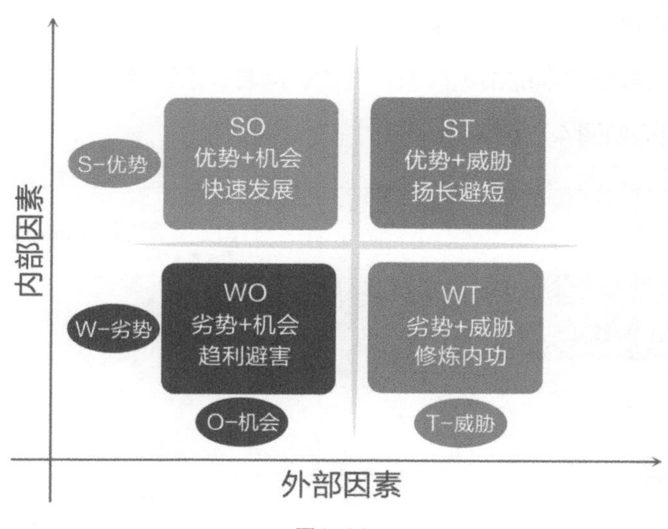

图4-14

4.6.2 竞品分析报告

竞品分析报告是竞品分析的重要输出，是对竞品进行分析、比较、总结得出的结果，也是竞品分析过程中最有价值的输出。通过竞品分析报告可以将竞品分析的结果、对产品的建议以及需要避免的问题传递给相关的设计师，帮助他们做出决策并制订相应的计划。

用户体验的5层模型是用户体验设计的经典指导框架，也可以将它作为竞品分析的思考框架，即战略层（用户需求+产品目标）-范围层（功能规格+内容需求）-结构层（交互设计+信息框架）-框架层（界面设计、导航设计、信息设计）-表现层（感知设计），这是一个自上而下、从抽象到具体的过程。

在做竞品分析报告时可以从以下4个方面进行比较和研究，即功能和内容、视觉和品牌、交互和操作、商业模式。

- 功能和内容：重点体现产品的基础功能、产品的特色功能、功能层级的清晰度、内容的主次分明、命名的合理性等。

- 视觉和品牌：视觉风格是否统一，是否能很好地表现品牌的调性，涉及颜色搭配、图标设计、规范性、控件、字体、间距等。
- 交互和操作：用户是否有自由控制权，布局是否一致，跳转方式是否一致，是否具有明确的错误提示信息、合理的帮助与说明，以及交互细节（包括操作前、中、后的提示，文案的表达，交互动态效果等）。
- 商业模式：主要指产品的市场价值、推广、运营、营销等。

竞品分析报告模板如图4-15所示。

功能列表	直接竞品1	直接竞品2	间接竞品
产品版本号			
手机端			
产品定位（Slogan）			
市场优势			
市场劣势			

功能列表	直接竞品1	直接竞品2	间接竞品
A1功能	√	×	√
A2功能	√	√	√
A3功能	×	√	√

功能和内容	直接竞品1	直接竞品2	间接竞品
基础功能	优点： 缺点：		
特色功能			
功能层级清晰度			
内容的主次分明			
命名的合理性			

功能结构	直接竞品1	直接竞品2	间接竞品
站点地图			

界面的设计	直接竞品1	直接竞品2	间接竞品
启动界面/内容界面结构（导航）			

图4-15

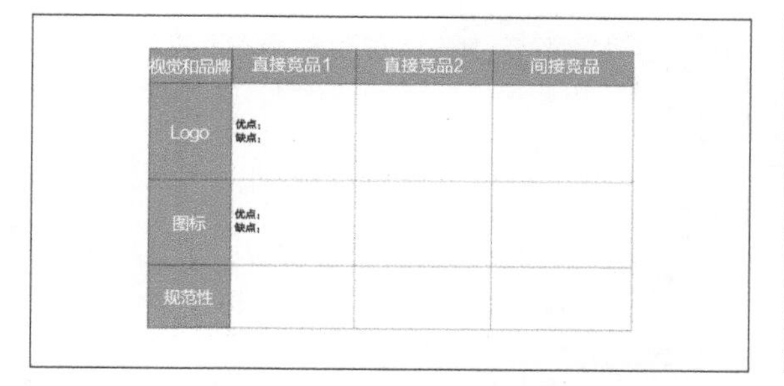

视觉和品牌	直接竞品1	直接竞品2	间接竞品
Logo	优点： 缺点：		
图标	优点： 缺点：		
规范性			

颜色搭配			
字体	优点： 缺点：		
间距	优点： 缺点：		
控件	优点： 缺点：		

交互和操作	直接竞品1	直接竞品2	间接竞品
交互流程			
布局一致性原则			
跳转方式一致性			
明确的错误提示			
合理的帮助与说明			
交互细节			

总结	直接竞品1	直接竞品2	间接竞品	借鉴点	需避免问题点
功能和内容	优点： 缺点：				
视觉和品牌	优点： 缺点：				
交互和操作	优点： 缺点：				
商业模式					

图4-15（续）

4.7 构建信息框架

在完成前期的调研和需求分析之后，需要对产品所有的需求进行规划和梳理，使其结构化，即构建信息框架。

信息框架能够为设计师提供一个清晰的产品设计思路：将产品原型以结构化的方式展示出来，帮助设计师从全局的视角审视产品，以有效地对产品结构的逻辑性进行修改和检查，使产品更加完善。

4.7.1 信息框架的定义

信息框架就是一款产品的骨架，合理的结构不仅方便用户可以快速地定位和找到所需要的功能模块，同时也便于后期产品的迭代。信息框架将功能与信息以一种合理的方式融合在产品的每一个页面中，可以说是产品原型的简化表达。

信息框架所面对的主体对象是信息，通过对信息进行整理、分类，使用户对内容的认知更加明晰。清晰明确的信息框架图，能够清楚地表达出产品的功能模块和整体的逻辑性，可以帮助设计师从宏观的层面对整个产品进行把控。信息框架图是绘制产品原型的基础，在开始原型设计之前，需要根据用户需求对信息进行分析、整理、分类，确定功能模块的分布和页面间的关联性。下面提供“耳洞”App的信息框架图供参考，如图4-16所示。

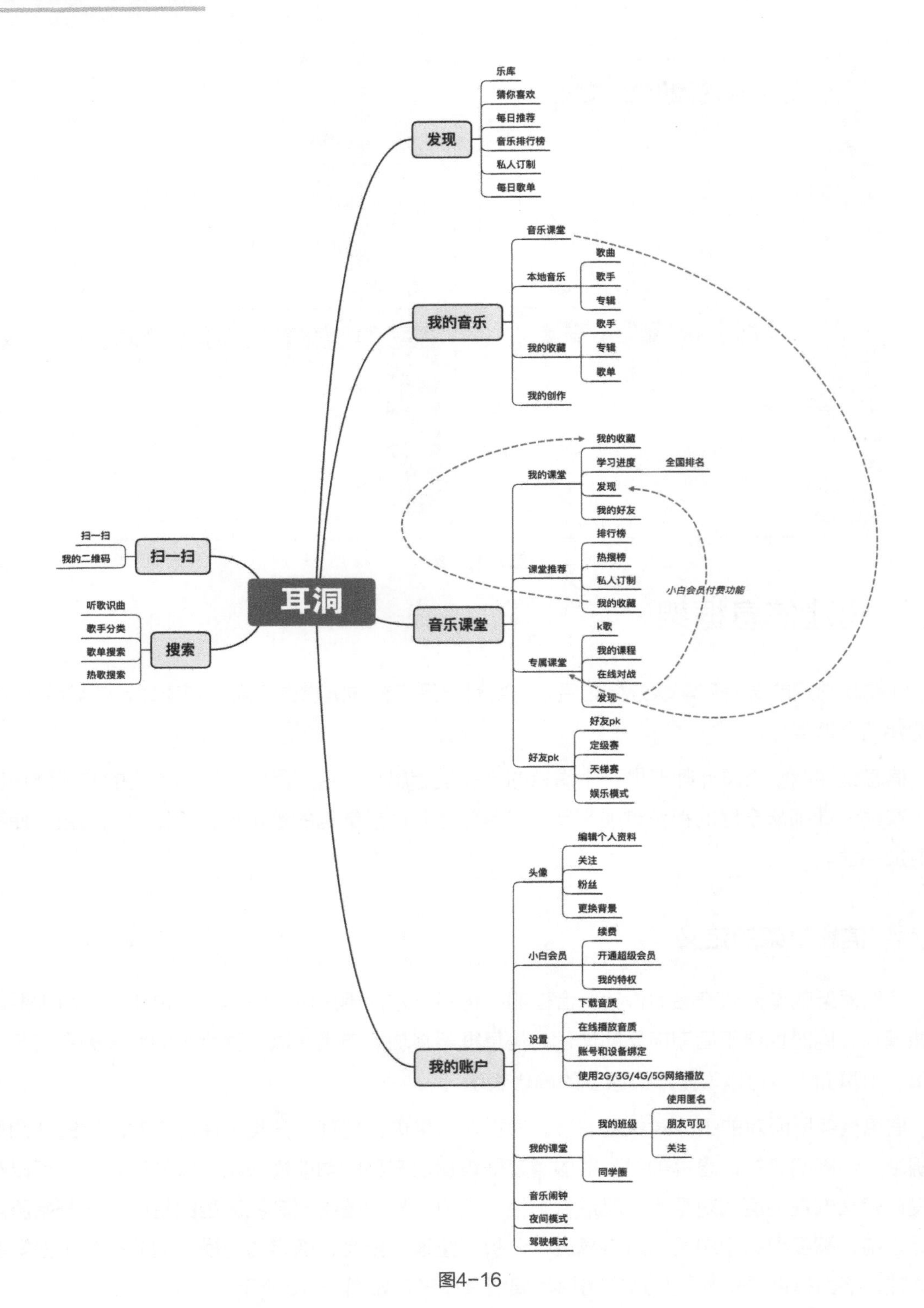
耳洞
发现
乐库
猜你喜欢
每日推荐
音乐排行榜
私人订制
每日歌单
我的音乐
音乐课堂
本地音乐
歌曲
歌手
专辑
我的收藏
歌手
专辑
歌单
我的创作
音乐课堂
我的课堂
我的收藏
学习进度
全国排名
发现
我的好友
课堂推荐
排行榜
热搜榜
私人订制
我的收藏
小白会员付费功能
专属课堂
k歌
我的课程
在线对战
发现
好友pk
好友pk
定级赛
天梯赛
娱乐模式
扫一扫
扫一扫
我的二维码
搜索
听歌识曲
歌手分类
歌单搜索
热歌搜索
我的账户
头像
编辑个人资料
关注
粉丝
更换背景
小白会员
续费
开通超级会员
我的特权
设置
下载音质
在线播放音质
账号和设备绑定
使用2G/3G/4G/5G网络播放
我的课堂
我的班级
使用匿名
朋友可见
关注
同学圈
音乐闹钟
夜间模式
驾驶模式

图4-16

4.7.2 绘制信息框架图

在绘制信息框架图之前，需要先对用户进行调研，挖掘出用户的需求，创建好用户角色模型，设置好使用情境。从用户的视角出发，拆分用户的行为，将操作路径最简化。例如，在浏览新闻类App时，观看新闻是用户的日常行为，因此设计时首先需要满足这个一级需求；而设置字体大小和颜色模式等操作，用户的操作频次会很低，因此在结构关系中更改字体大小和颜色模式这个功能模块只需要放在“设置”中即可。

在构建信息框架时，要注意考虑产品的策略和延展性。如今产品迭代的速度越来越快，功能越来越丰富，因此在构建信息框架时，要考虑到未来发展的问题，做好延展，以适应未来发展的需要。

绘制信息框架图的工具软件有Xmind、Mindline、MindMaster和MindNode等。

在绘制信息框架图时，要注意总分的结构关系，关键的一级节点要围绕着主体展开，一级节点是整个应用程序中最主要的信息模块。依据用户需求绘制层级结构，一般会绘制到5级左右，基本涵盖了所有的主体界面。在设计实践中，有时会出现共用界面的情况。例如，微信顶部右上方导航【+】中的【收付款】功能界面和底部导航中【我】→【支付】→【收付款】界面是相同的。可以使用弧线将相同的页面连接，以表示界面共用。

4.8 绘制流程图

根据信息框架图的内容绘制流程图。流程图就是用直观的方式描述出工作过程中的具体步骤，通过图形表达出流程设计思路。流程图不仅可以通过图形表示任务的执行步骤，还可以表示任务执行的先后顺序，直观形象而且易于理解。流程图的常用元素如图4-17所示。

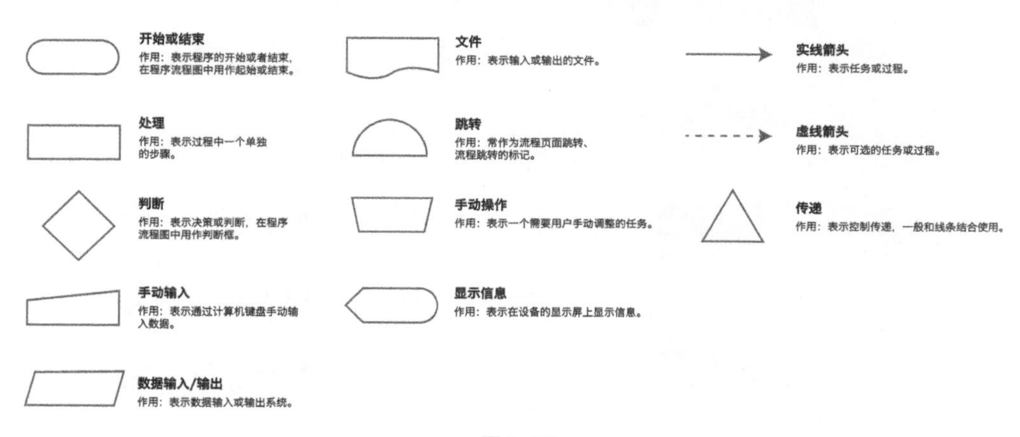

图4-17

流程图是梳理复杂关系的有效手段，可以帮助设计师把一个复杂功能的实现过程通过图形简单而直观地展示出来，还可以帮助设计师将工作中复杂的、有问题的、重复的、多余的、可以简化的和标准化的环节显示出来，将复杂的流程简单化，从而大大提高工作和沟通效率。设计师通过流程图将想象中的过程与实际操作的步骤进行对比，可以更加方便、快捷地发现流程中需要改进的部分，以避免后期大量改动。简明的流程图能够使活动流程的先后顺序更加明确，逻辑更加清晰。在绘制流程图时，设计师会使用图形表明其功能，如图4-18所示。

流程图有很多种，对于互联网行业产品而言，常使用3类流程图，即业务流程图、功能流程图、页面流程图。

4.8.1 业务流程图

产品的业务流程图主要是产品设计初期使用的工具，以对产品的业务进行梳理和控制。业务流程图通常用于产品的介绍，相较于文字，业务流程图更加直观、高效，它还能够帮助设计师根据产品定位对产品业务进行设计、分析与优化。××出行App的业务流程图如图4-19所示。

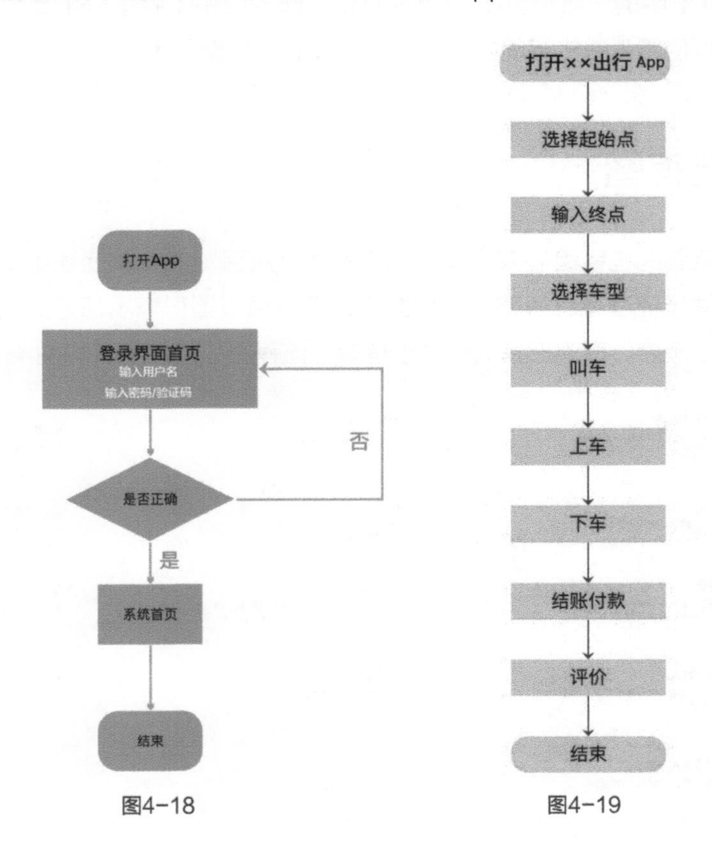

图4-18　　图4-19

4.8.2 功能流程图

产品的功能流程图是产品设计中期使用的工具，主要是使用图形语言清晰、直观地表达产品在功能层面的控制，如各种具体功能以及功能之间的逻辑顺序等。功能流程图通常用于介绍产品功能模块间的关系，在原型设计前有助于设计师从整体上了解产品功能，并且还能帮助设计师发现不合理的功能或逻辑，以便及时修改。××出行App的功能流程图如图4-20所示。

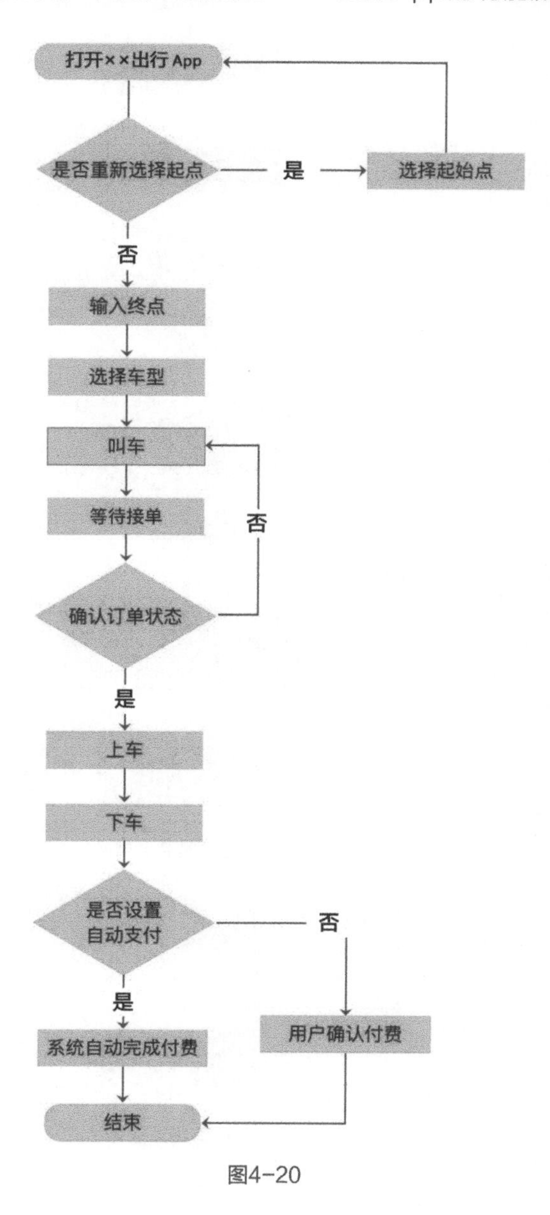

图4-20

4.8.3 页面流程图

页面流程图是产品设计后期使用的工具，主要是使用图形语言清晰、直观地表达产品在页面层面的控制，如页面信息等。页面流程图主要用于介绍产品页面的信息及页面之间的跳转关系。× × 出行App的页面流程图如图4-21所示。

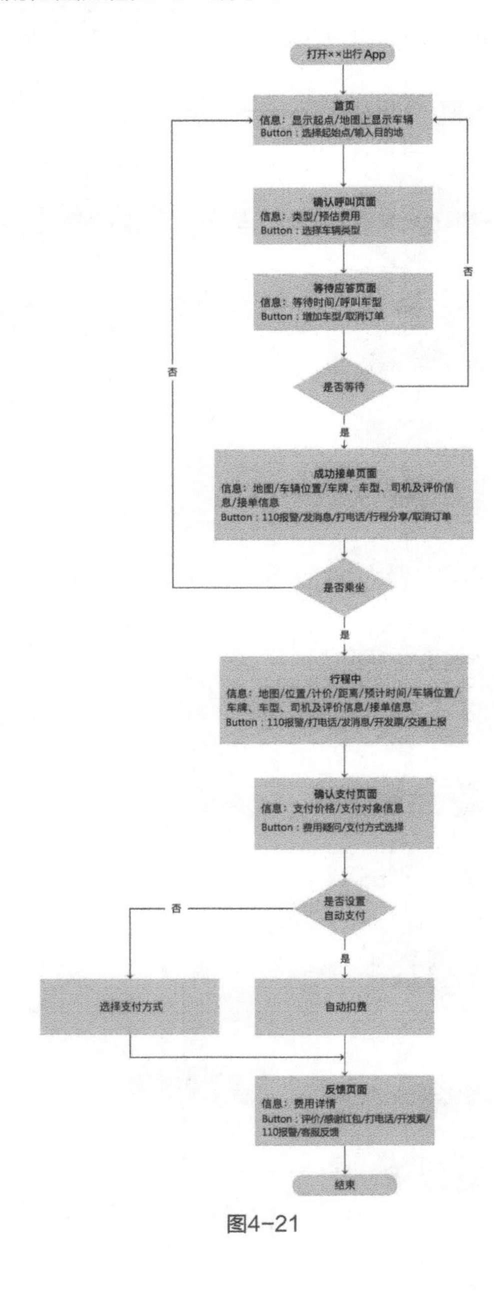

图4-21

4.9 绘制线框图

在构建信息框架、梳理完流程顺序之后，就要开始绘制线框图了。线框图是数字媒体交互设计过程中非常重要的一个环节，设计师可以快速地表达出自己的想法，明确内容大纲、信息结构、布局、界面图形及交互行为。线框图可以将即将显示在页面上的信息显示出来，给出页面的基本结构和布局，指出界面的总体设计方向。

使用线框图还可以对交互行为的逻辑性进行快速检测。产品原型是产品最终完成的模拟展示，由线框图制作的产品原型被称为低保真原型。使用低保真原型可以对页面间的跳转、元素内容及交互行为进行快速检测，对不合理的、不符合逻辑的操作设置进行快速调整和修改，为之后的视觉设计做好框架基础。

4.9.1 线框图的绘制原则

线框图是开始视觉设计前的必要步骤，它可以帮助设计师规划界面布局和交互方式。在绘制线框图时，要从用户目标和商业目标出发，考虑如何通过线框图实现它们，因为这两个目标是产品成功的关键。线框图与其他设计工具相比，优势就是速度快，在提出最佳的解决方案之前，简洁的线框图可以大大地加快创作速度，以免创作者分心。

在绘制线框图时，可以大量地使用占位符号，快速地将功能和内容布局到页面上，但要保证页面连接的逻辑性，不要忽略内容。在开始时，建议先使用手绘的方式绘制线框图，然后再使用软件工具（如Axure RP等）绘制。绘制线框图的基本要求是速度要快，在设计实践中会发现即使软件技术掌握得再熟练，在创意表达上，纸和笔的表达速度是最快的。在绘制线框图时，不需要考虑过多的细节，例如所用的颜色通常就是黑、白、灰。也不要太过于关注视觉表现，一定要明确线框图只是一种工具，其目的是快速展现页面的结构布局及相关信息，并不是为视觉服务的。相关实例如图4-22所示。

图4-22

4.9.2 线框图的绘制方法

在绘制线框图时，设计师可以使用纸和笔快速地进行勾勒，也可以使用软件（如Axure RP）快速地完成线框图，表达出对产品内容、功能、布局及交互行为的构想。快速地表达设计构想是绘制线框图的基本要求，因此复杂的颜色只会影响绘制线框图的速度，使用灰色系可以使设计师能更好地将精力集中在功能布局的表现上。相关实例如图4-23所示。

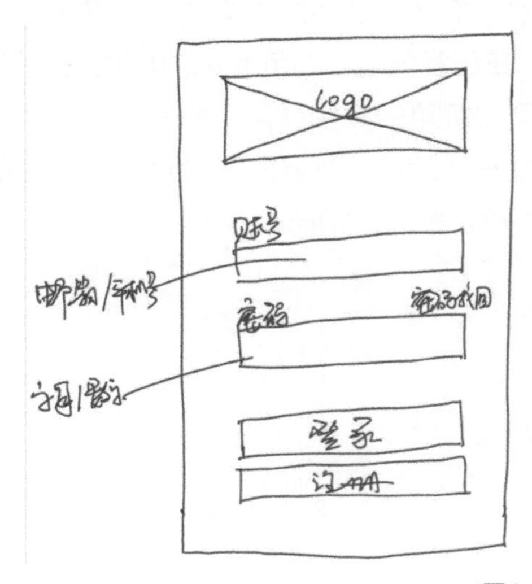

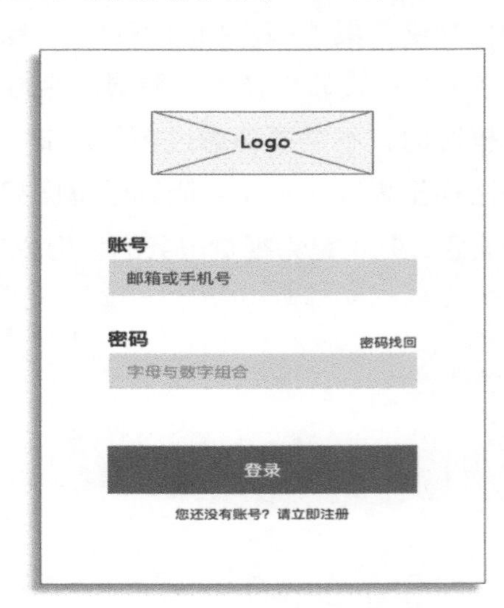

图4-23

很多情况下，线框图中具体的内容图形或图像会使用占位符表示，而具体的形态样式可在后续的视觉设计中完成。使用线框图的目的就是便于团队成员讨论、评审和确认，将原本抽象的内容通过具象的方式展示出来，对于不合适或不符合逻辑的部分也可以快速地调整，从而避免在最后的产品开发过程中发生大幅度的修改。

绘制线框图可以分为4个步骤。

步骤1：将页面中要出现的元素罗列出来，如导航、按钮、图像、文本等。

步骤2：根据用户需求绘制线框图，合理地安排各元素的大小、位置和顺序，快速地提出多种方案。方案越多，就越有机会朝最佳方案进行迭代。绘制完整的线框图，要注意页面之间的逻辑关系，不要遗漏内容页面，否则会严重影响用户体验。

步骤3：将线框图展示给相关人员（用户、设计师、决策者等）进行讨论和评审。

步骤4：根据意见和反馈对线框图进行修改。由于线框图只关注功能布局，因此修改速度会很快。

步骤3和步骤4会反复循环，直到获得所有相关人员的认同为止，线框图确定后就可以进行视觉和原型的设计了。

4.10 创建情绪板

线框图绘制完成后，就可以进入视觉设计阶段了。在进行视觉设计前，可以使用情绪板对视觉的风格和表现进行定位。情绪板是可视化的沟通工具，它能够帮助设计师快速地向他人表达出想要表达的情绪，从而使设计获得更佳的视觉表现。情绪板不仅可以对视觉表现起到指导作用，还有助于设计师更好地收集用户的需求和意见。

4.10.1 情绪板的定义

情绪板是将与设计对象相关的图像和素材整理在一起，将创意概念通过视觉化的方式表现出来的拼贴，目的在于表现创意概念所要传达的情绪和预期的感觉。与线框图、交互原型不同，情绪板与项目内容无关，而是与项目想要传达的情绪和感觉有关。在数字媒体交互设计中，情绪板可用作交互原型视觉风格的定义工具。情绪板的主要作用是定义视觉设计的方向，整个情绪板中包含代表着用户情绪的图片、元素和文本，可以通过收集素材，并将这些素材用拼贴的方式呈现出来。情绪板虽然制作时间短，但是能够为后续的视觉设计节省时间和精力，当情绪板传达的情绪和感觉与用户的需求不相符时，可以快速地对设计方向进行调整，从而节省后期修改的时间。同时，情绪板还能够帮助设计师获得灵感，找到正确的配色方案，确定设计风格。

图4-24为情绪板，图4-25为情绪板在数字媒体交互设计视觉中的应用。

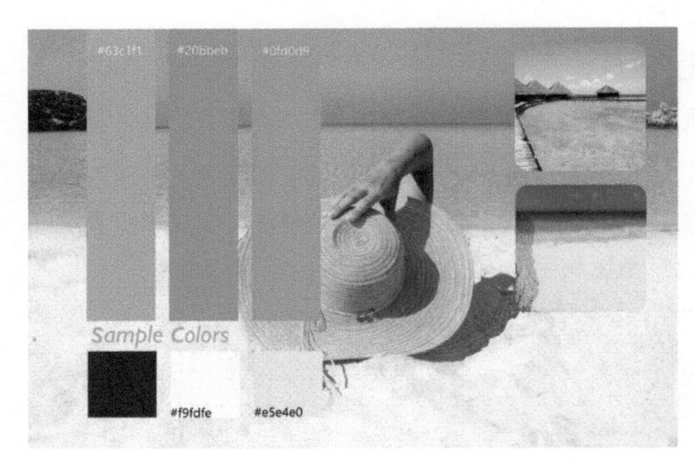

图4-24

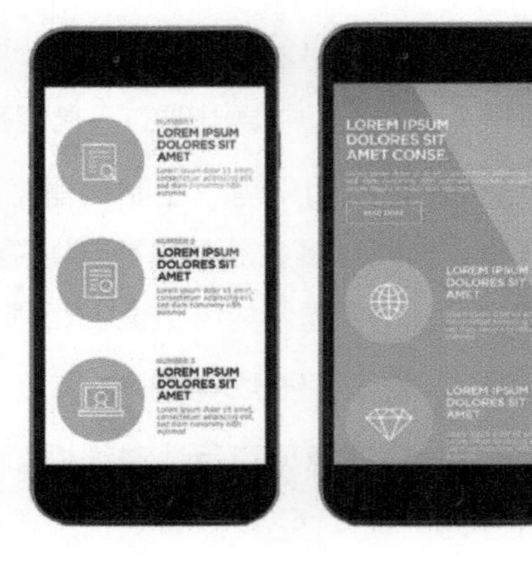

图4-25

4.10.2 情绪板的创建方法

创建情绪板可以分为4个步骤。

步骤1：创建关键词。在创建情绪板前，通过调研明确目标用户和产品定位，创建关键词，如简约、精致。

步骤2：提炼关键词进行联想。对步骤1中创建的关键词进行筛选，通过筛选提炼出更加精准的关键词并进行联想和发散。

步骤3：收集素材。根据关键词收集素材，素材包括图像、元素和文本。不论是抽象的、具象的，只要能代表想要表达的情绪即可。

步骤4：创建情绪板。将收集的素材进行整理和分类。选择素材并创建情绪板是一个不断迭代的过程，需要不断地收集素材、筛选素材、讨论反思，最终创建出最适合的情绪板。

4.11 视觉设计

在完成前期的调研和准备工作之后，就可以开始进行视觉设计了，即图形用户界面（GUI）的设计。根据线框图中功能和内容的布局，使用情绪板的视觉引导将其细化，其中包含导航样式、图像形态、图标的图形表达、颜色的搭配等。界面的视觉设计是决定产品品质和用户感受的重要一环，因为当用户第一次使用该产品时，最先与用户产生联系的就是视觉设计。使用视觉设计稿制作的原型被称为高保真原型，这是对最终产品形态进行了高度的模拟，为程序的后期开发提供了视觉化的参考。

在GUI的视觉表现上，目前主要有两种风格，即拟物化设计和扁平化设计。拟物化设计对于用户而言学习成本低，能够帮助用户更快地掌握对产品或工具的使用方法；扁平化设计因为摒弃了原本冗余的东西，从而使交互体验获得很大提升。

4.11.1 拟物化设计

拟物化设计通过对现实物体的模拟，使用户能够第一眼就将其识别出来，并能快速地将真实世界中的操作映射在虚拟的数字世界中，用户能够快速地学习和掌握。

拟物化设计通过叠加高光、纹理、材质、阴影等效果对真实物体进行再现，甚至交互的方式也模拟现实生活。例如，裁剪的功能图标会使用剪刀的图形符号，在现实世界中，剪刀实现的功能与虚拟世界中的裁剪功能是相同的。再如垃圾箱功能，在现实世界中，垃圾箱存放的是人们不要了的东西，所以在虚拟世界中垃圾箱就用来存放不要了的文件；在现实世界中，当我们想要找回丢弃的东西时，可以通过翻垃圾箱来找回，在虚拟世界中也可以从垃圾箱中还原文件。这就是拟物化设计，无论是图形符号还是交互行为，都是通过对真实事物的模拟，实现降低用户学习成本的目的。相关实例如图4-26和图4-27所示。

图4-26

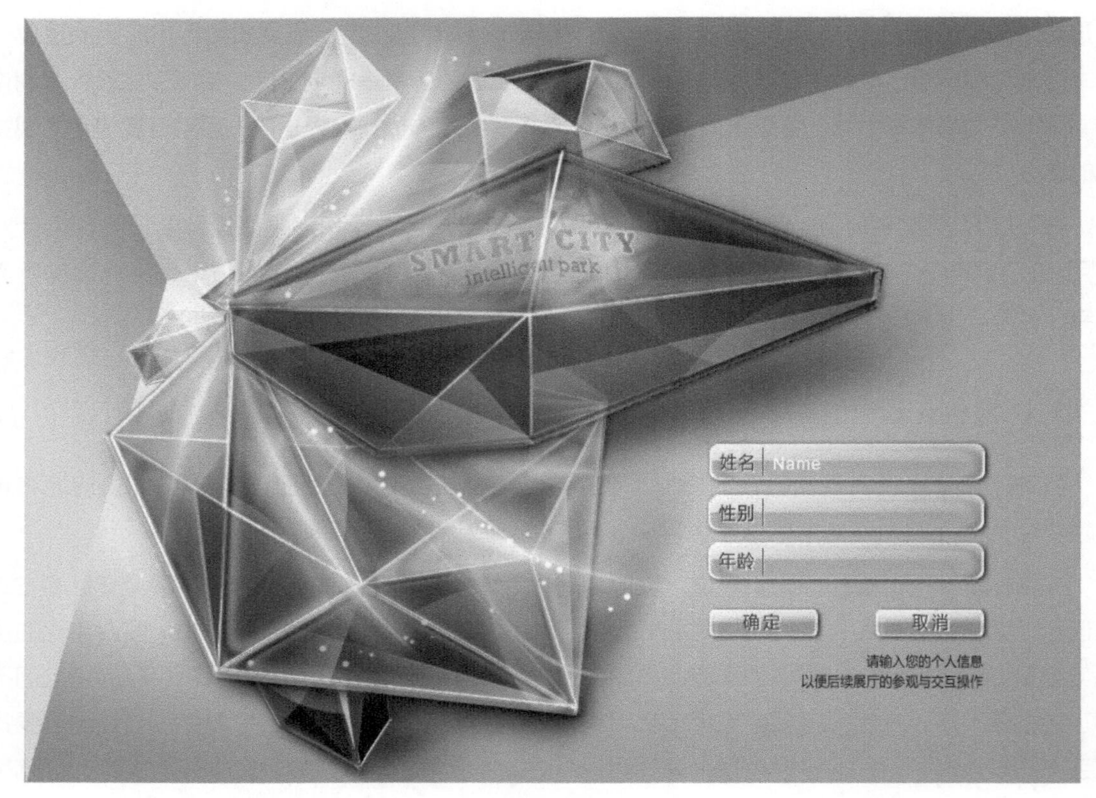

图4-27

在拟物化设计中有一个很重要的知识点就是隐喻。在虚拟世界中有很多事物和功能是现实世界中不存在的，为了使用户能够快速理解和掌握，使用隐喻是一种很好的手段。隐喻就是将真实生活中用户熟悉的事物以多种形式映射在虚拟世界中，从而使用户对不熟悉的概念和操作也能很快地理解与掌握。

隐喻在GUI的设计中起到了很重要的作用，它能够帮助用户降低学习成本。例如，电子邮件，在现实世界中电子邮件是不存在的，与电子邮件最贴近的就是我们日常所见的由邮局发出的信件，所以会使用信封的图形来表示电子邮件，如图4-28所示。除此之外，用于表达电子邮件的图形符号还有邮箱、邮票等。

以苹果电脑的电子邮件为例，其图标的图形使用的是邮票图形，并且邮票上印有邮戳。在现实世界中，当邮票上盖有邮戳时表明邮件在运输的过程中。电子邮件最大的特点就是快，在过去的信息沟通中古人会使用信鸽，苹果电脑的电子邮件的图标中就使用雄鹰元素，从而凸显电子邮件快的特点，如图4-29所示。

图4-28

图4-29

4.11.2 扁平化设计

拟物化设计之后出现了扁平化设计。扁平化设计摒弃了拟物化设计对质感的高度还原，抽离了由高光、阴影等形成的透视感，通过抽象、简化的符号化的视觉语言进行表现，如图4-30所示。扁平化设计舍弃了拟物化设计中冗余的部分，将设计的核心更多地集中在交互的部分，从而使用户体验获得大幅提升。相关实例如图4-31所示，其明快的色彩搭配及网格式布局，使整个设计具有非常强烈的科技感。

图4-30

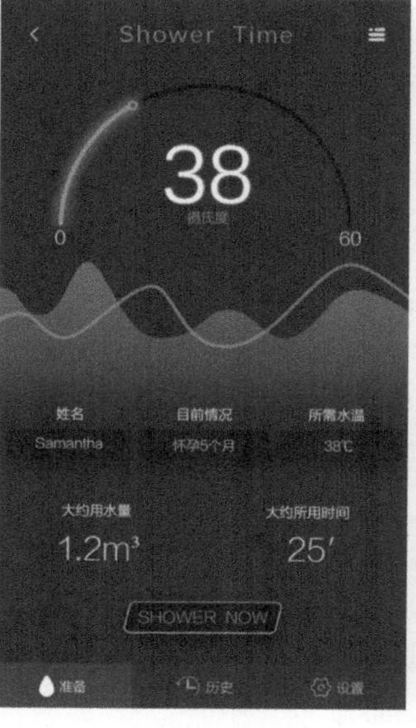

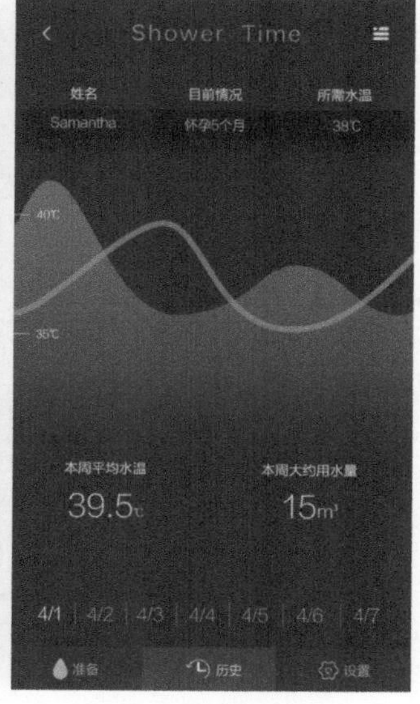

图4-31

扁平化设计的表现大多源自拟物化设计。由于扁平化设计用抽象、简化的符号来表现，用户的学习成本较高，但用户对拟物化设计有了多年的熟识与积累，所以用户对抽象图形的学习与认知也变得越来越容易。

4.12 交互原型设计

交互原型是检测用户体验的有效手段，能够辅助产品经理与交互设计师、界面设计师和技术人员进行沟通，大大节省开发的时间、精力和成本。完整的产品原型可以清楚地展示产品的功能和内容，页面的层级，功能和内容的布局以及用户的交互行为。

4.12.1 低保真原型

交互原型是内部协作、传达需求，进行工作沟通的一种工具。与高保真原型相比，低保真原型是低精度和快捷的原型，更有利于获取用户的反馈，因为它更多表现的是人机交互和操作的方式，可以快速地对产品的功能进行检查和测试，如图4-32所示。

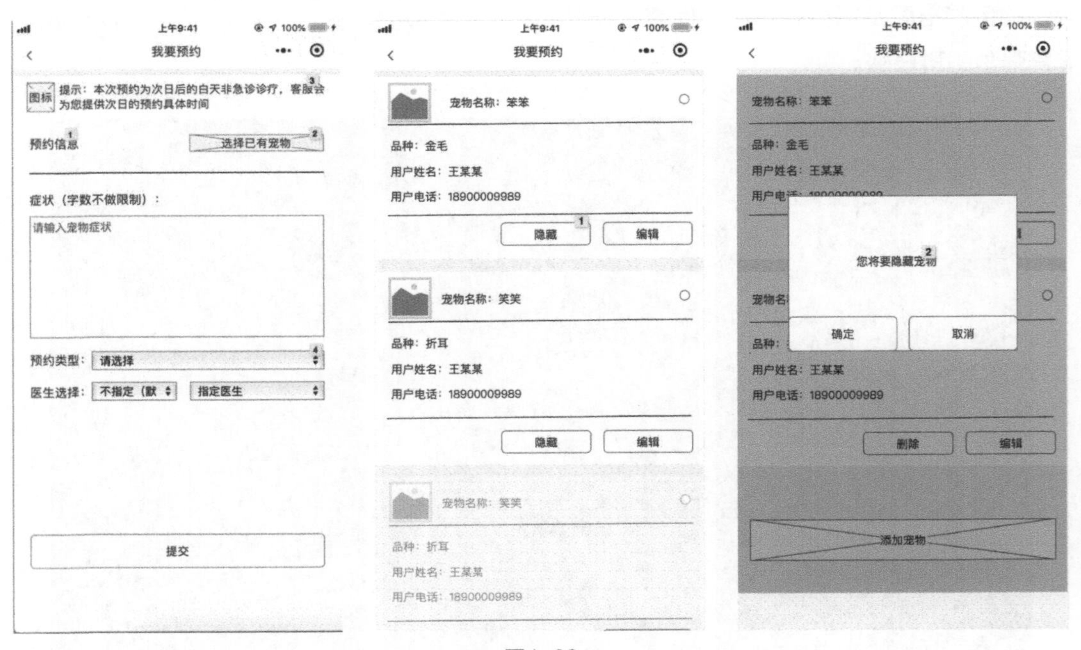

图4-32

4.12.2 高保真原型

高保真原型是高精度的原型，它与发布的最终产品的实际运行状态高度接近。高保真原型精致的视觉表现，逼真的交互操作，使测试可以获取更有意义的反馈。使用高保真原型不仅可以大大地降低沟通的成本，还可以为后续的开发降低制作成本。因为高保真原型能够对用户的使用情境、操作方式和用户体验进行高度的模拟，可以作为产品设计和开发前的参考，如图4-33所示。

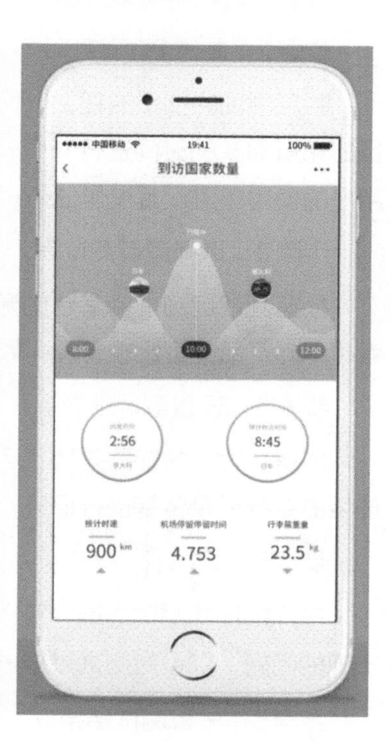

图4-33

4.13 用户测试

用户测试是为了发现设计中存在的问题，通过优化和迭代提升用户体验。用户测试贯穿在设计的整个阶段，只有进行了用户测试之后，才能发现未能预见的问题，消除潜在的设计错误。本书在第3章中介绍了多种用户研究的方法，这些方法可以被应用在设计的整个阶段。其中，可用性测试法是设计末期最常用的一种用户测试方法，用其对交互原型进行用户测试，可以提高设计的成功率。

4.13.1 用户测试流程

用户测试流程可以分为以下6个步骤。

步骤1：确定测试内容。

在开始对交互原型进行测试之前要先确定测试目标，测试目标不明确会导致测试的结果不理想或者无法获得实际价值。

步骤2：制定测试流程。

制定测试的整个流程，以保证测试可以顺利、高效地完成。在测试的流程中，要对测试的目的和所需要的时间进行介绍，询问用户的基本信息，了解用户使用同类产品的情况。应围绕用户的使用场景设置操作任务，在完成操作后让用户对操作任务中的感受进行评价。

步骤3：选择邀请测试者。

根据测试目的选择适合的测试者。可以根据使用情况、性别、年龄、职业选择不同的测试者（除非产品类型比较特殊，如美妆类的产品，其测试者大多需是女性用户）。

步骤4：设置测试环境。

创造舒适、放松的氛围，可以借助一些小零食和饮料使测试者放松。在进行测试时，可以使用摄像机或录音笔进行记录，但要征求测试者的同意。

步骤5：测试。

在开始正式测试之前，可以先进行预测试，对测试的内容和过程进行演练，然后总结测试出现的问题，以便对测试过程进行优化，从而保证正式测试可以顺利、高效地进行。

步骤6：分析测试结果。

分析、总结测试的结果，将问题进行分类，统计用户对任务完成难易度的评价，之后开始撰写测试报告。

4.13.2 用户测试的注意要点

在进行用户测试时，为了获得更加有效的测试结果，有以下几点需要注意。

（1）测试开始得越早，产品的修改和调整就越便捷。早期的有效调整对产品的最终形态影响很大。

（2）明确测试目的，根据测试目的选择合适的测试方法。

（3）用户测试贯穿于整个设计阶段，在前期，通过用户测试可以收集用户需求；在后期，通过用户测试可以检验设计的有效性。在整个产品设计的过程中，用户测试需要定期开展，目的是收集用户的反馈信息，对后续的设计产生指导作用，不断地测试有助于产品更加完善。

（4）使用真实的用户进行测试。设计过程中所使用的人物角色模型是综合了目标用户特征的虚拟模型，所提出的解决方案都是根据虚拟的目标角色人物所设计的。在进行用户测试时，一定要使用真实的用户，即独立的、无偏见的普通用户，这样才能真正地快速找到设计中存在的问题。

（5）观察用户的行为，对用户的行为进行记录。在设计实践中会发现，有时用户所说的和所做的不一致，虽然他们的言语会有迷惑性，但是其行为却无法骗人。

4.14 迭代

对交互原型进行测试后，需要对测试提出的问题进行调整和修改，在经过不断的沟通、评审之后，最终的产品原型才会慢慢地确定下来，这就需要设计师将每一次的变更都记录下来，对迭代的内容进行说明，以便其他协作人员查看，从而有效地提高工作效率，节约沟通成本。在新版本设计之前，设计师一定要熟悉上一个版本的流程和内容，才能有利于设计流程的良性运转。迭代能够根据用户测试结果，快速地对产品中存在的问题进行修改和调整，避免浪费精力，同时还可以减少风险。在整个交互设计的流程中，用户测试和迭代是可以根据需要反复操作的，这样可以使设计更加完善。

4.15 同步强化模拟题

一、单选题

1.（ ）的目的是能够更加有效地指导设计活动的开展，从而产生积极的结果。

A. 研究　　B. 调研　　C. 科研　　D. 记录

2. 用户研究的方法有很多种，不管是何种用户研究方法，所采用的研究范式基本上都是（ ）。

A. 定量研究和分类研究　　B. 定性研究和定量研究

C. 测试研究和渠道研究　　D. 信息研究和技术研究

3. 从小规模的样本中发现新事物的方法，主要目的是确定“选项”和挖掘深度，是（ ）研究法。

A. 定量　　B. 行为　　C. 态度　　D. 定性

4.（ ）是对用户的行为、价值观及需求进行描述与勾画，是帮助产品经理明确用户的需求，方便与其他人员进行沟通，提高决策率的有效工具。

A. 客户信息模型　　B. 用户角色模型

C. 新型技术模型　　D. 信息框架模型

5. 能够体现用户在情境中每一个体验阶段的状态，展示用户在每个体验阶段的行为、痛点和情感的一种可视化的图表是（ ）。

A. 故事板　　B. 用户角色模型

C. 用户体验地图　　D. 故事情节

二、多选题

1. 微信需求的等级，主要分为（ ）。

A. 一级需求：通信　　B. 二级需求：朋友圈

C. 三级需求：扫一扫、钱包、银行卡　　D. 四级需求：收藏

2. 用户角色模型既不是真实的人物，也不是统计学上的平均用户，也不是市场细分，而是目标用户群体特征的综合模型。一般产品会需要（ ）3个人物角色。

A. 首要人物角色　　B. 次要人物角色

C. 一般人物角色　　D. 常规角色

3. 下列哪些方式属于竞品分析方法？（　）

A. 波特五力模型
B. 竞品跟踪矩阵法
C. 矩阵分析法
D. PEST分析法
E. 比较法
F. SWOT分析法
G. 需求探索法

4. 情绪板是将与设计对象相关的图像和素材整理在一起，将创意概念通过视觉化的方式表现出来的拼贴，其目的在于表现创意概念所要传达的情绪和预期的感觉。创建情绪板的步骤可以分为（　）。

A. 创建关键词
B. 提炼关键词进行联想
C. 收集素材
D. 创建情绪板
E. 分析测试结果

三、判断题

1. 在绘制用户体验地图时，使用典型元素（具体行为、情感和想法、痛点等）进行填充。（　）

2. 竞品分析可以为企业的产品战略、布局的规划提供参考依据，可以帮助企业找准产品定位，找到适合的细分市场，避开强大的竞争对手，根据竞争对手的商业模式，及时对市场推广策略、定价策略进行调整。（　）

4.16 作业

对移动端邮箱App进行调研分析，从当前市场中任意选择3个邮箱App，对其功能和内容，交互和操作，视觉和品牌等方面进行分析比较，完成一份竞品分析报告。

第 5 章

交互设计心理学

数字媒体交互设计作用的对象是用户，只有从用户的角度出发，深入了解用户的需求，才能做出具有良好用户体验的设计。决定用户行为发出和执行的是用户的感知层面和认知层面，交互设计心理学研究的是如何将心理学的理论和成果应用到交互设计中，以全面提升用户体验。

5.1 情感化设计

情感是人们感知世界的一种生理反应，是由需求和期望所决定的。当需求和期望通过行为得到满足时，就会产生情感，有愉悦的、喜爱的情感，也有苦恼的、厌恶的情感。设计的目标是帮助人们解决问题。数字媒体的交互设计是在用户研究的基础上对用户的行为逻辑进行设计，从而使用户在使用数字媒体产品或服务的过程中获得愉悦的情感体验。情感化设计更容易打动人心。

5.1.1 什么是情感化设计

情感化设计的目的在于通过抓住用户的情绪反应，提高用户执行特定行为的可能性，从而使用户产生惊喜或厌恶的情感，最终使用户对该设计产生某种认知，并使该设计在用户的心目中形成独特的定位。

情感化设计是认知心理学家唐纳德·A.诺曼在2004年于《情感化设计》一书中提出的，他认为情感与价值判断相关，而认知与理解相关，它们之间紧密相连、密不可分。在这本书中，他将设计分为了3个层次，即本能层、行为层和反思层，如图5-1所示。

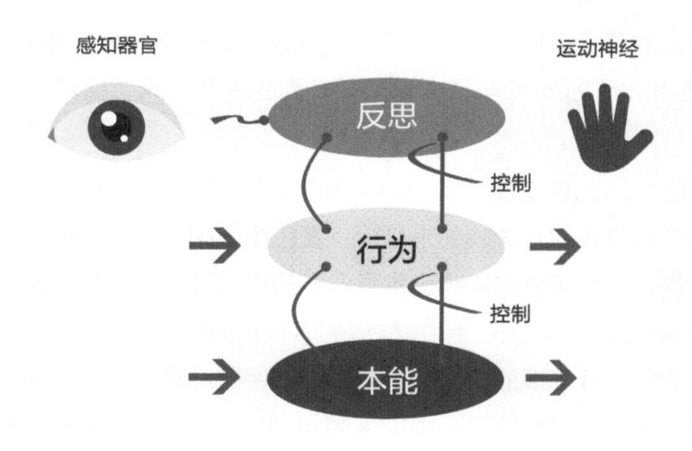

图5-1

本能层的设计能够给人带来各种感官刺激和情绪体验，从而对用户的行为产生引导作用。本能层的设计要遵循人类的本性特点。在本能层，视觉、听觉、嗅觉等人类的生理特征起主导作用，因此设计的关注点是产品的外形、色彩、声音、气味等。

行为层的设计是进行交互行为逻辑设计中关注最多的，能否有效地使用户完成任务，在完成任务的过程中用户是否获得了愉悦的、有趣的操作体验是行为层设计中需要解决的问题。优秀的行为层设计有4个要素，即功能、易理解性、易用性和感受。功能是整个行为层设计中最重要的元素，如果功能不能满足用户的需求，那么整个产品或服务就没有存在的价值和意义，感受就更无从谈起。

反思层的设计是指在本能层设计和行为层设计作用之后，在用户心中产生的更深层的情感体验。反思层的设计涵盖的领域很广，它与信息、文化和用途息息相关，很多时候人们会因为某种认知而决定使用某个产品或服务。优秀的反思层的设计会使用户在长期使用中获得情感上的满足，从而使品牌扎根在用户的心中。

本能层的设计是感官的、直观的、感性的设计，行为层的设计是功能上的、易懂的、易用的、逻辑性的设计，而反思层的设计是情感的、意识的、情绪的、认知的设计。

5.1.2 情感化设计在数字媒体交互设计中的应用

情感化设计与用户体验设计息息相关。用户体验设计的战略层面中的战略和目标正是情感化设计中反思层的设计所要到达的终点，范围层面和结构层面是行为层的设计中所要关注的重点，而表现层面的视觉表达则处于本能层的设计。

本能层的设计与人的第一反应有关。人可以说是视觉动物，在人获取外界认知的占比中，视觉占85%，听觉占11%，视觉和听觉成为支配行为的主要因素。视觉表现会成为触发用户行为动作的起始点。

下面以美团外卖的App为例讲解，其Logo如图5-2所示。就本能层的设计而言，美团外卖以黄色为主色，从色彩对人的心理映射来分析，黄色源于阳光，给人一种温暖的感觉，能够让人联想到美味的食物，如金黄色的炸鸡、焦香四溢的烧烤等，此联想就能使人胃口大开。如果设计成蓝色，蓝色源于大海和天空，会给人一种遥不可及的感觉，因遥不可及而使人产生一种距离感。就像人在面对一望无垠的大海和天空时能够保持冷静一样，人在饥饿时本要迫不及待地用食物补充能量，可在面对蓝色的App时会瞬间保持冷静，于是点餐变成了一件非常理智的事情，而这并不应该是促进消费所需要的行为模式。

图5-2

色彩引发的情感反应在数字媒体交互设计中的应用非常广泛。可以试着回想一下，在日常生活中，与购物相关的应用程序其实大多是暖色的，例如京东以红色作为主色，淘宝以橘红色作为主色，唯品会以粉红色作为主色，如图5-3所示。这些应用程序都有一个共同的目标，那就是要促使更多的用户购物。红色源于火和血液，火和血液给人的往往都是激烈的感官感受，因此红色往往会让人产生冲动的情感，一不留神购物量就大增。可见，行为的发生是由用户的心智所决定的，采用源自心理学的情感化设计，可以提高用户执行特定行为的可能性。

图5-3

对于应用工具类的产品，往往以冷色为主，而蓝色常成为首选。当人们在工作时或者需要认真对待事物时，冷静理智的分析和处理事物的能力是必不可少的。如图5-4所示，知乎和钉钉虽然业务完全不同，但两者具有共性：知乎是关于知识分享的一款应用程序，正确的、有用的知识的传播才能起到正向引导作用，对用户而言只有正确的、有用的知识才是最有价值的，因此知识的传播与共享需要理智的情感；钉钉是一款用于工作的移动智能办公平台，工作者在工作时需要保持严肃的、严谨的工作态度，因此蓝色能够让人冷静、理智的特性是非常适合工作情境的。

图5-4

行为层的设计与使用有关，重要的是功能的实现。行为层的设计以用户的需求为起始点，易懂性和易用性是构建于功能之上的，感受是行为层设计的最高层，当用户的需求得到满足，易懂性和易用性使用户操作起来得心应手，用户才会获得愉悦的、有趣的感受。图5-5所示为外卖类的App——美团外卖和饿了么，它们在满足了用户点餐的基础需求外，还推出了精品推荐、满减神器和限时秒杀等功能，省时省力又有优惠的购买体验更为贴合人心。

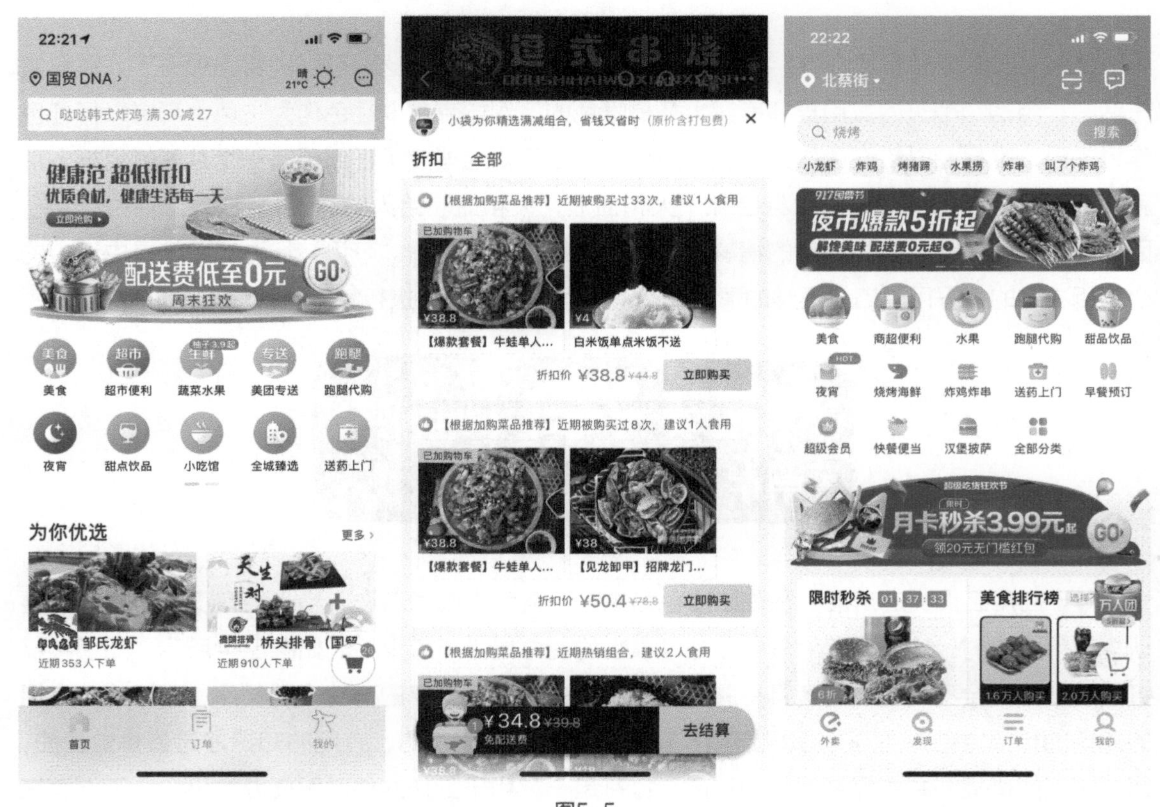

图5-5

再如钉钉，作为面向企业打造的移动智能办公平台，涵盖了不同的端口，不仅设有PC端，还设有移动端。在功能设置上不仅具有视频会议、移动办公考勤、审批、企业OA、团队日程共享等功能，还设置了消息已读、未读以及读取人员的名单等功能，这些行为层的设计都是从用户的需求出发，对用户的行为逻辑进行设计，旨在帮助企业提高工作效率，让沟通变得更加高效，如图5-6所示。

图5-6

当用户使用过产品或服务后，就会开始进入理性的思考，会对产品或服务做出评价，这就是反思层的设计所要关注的内容。反思层的设计与文化、教育、意志、思考、理解及长期记忆相关，每个人看待事物的角度和方式不同，所产生的评价也不尽相同。长期良好的用户体验会赢得用户更多的信任。以支付宝为例，便捷的移动支付、安全的信息保障和服务已经使支付宝成为人们日常生活中必不可少的一部分，如图5-7所示。生活缴费的便捷服务使用户足不出户就可以实现生活的日常缴费。良好的信用记录使得芝麻信用成为个人的诚信证明，芝麻信用作为信用的担保让用户在很多其他的应用平台都可以获得免除押金的便利。支付宝在反思层的设计使用户在长期的使用过程中对产品产生了信赖感，从而使支付宝的品牌深入人心。

图5-7

5.2 格式塔心理学

格式塔心理学（Gestalt Psychology）又名完形心理学，是西方现代心理学的主要学派之一，1912年诞生于德国。格式塔心理学认为心理学研究的对象有两个——直接经验(即意识)和行为，强调经验和行为的整体性，认为整体不等于部分之和，意识不等于感觉元素的集合，行为不等于反射弧的循环，主张以整体的动力结构观来研究心理现象。

5.2.1 格式塔心理学与交互设计的关系

格式塔是德文Gestalt的译音，意即“模式、形状、形式”等，意思是指“动态的整体”，知觉经验与大脑之间具有直接的关联性，视觉影响着意识，意识决定着用户的行为表现。格式塔心理学明确提出“眼脑作用是一个不断组织、简化、统一的过程，正是通过这一过程，才产生出易于理解、协调的整体”，阐明了知觉主体以怎样的形式把经验材料组织成有意义的整体。整体不等于部分的简单总和或相加，即整体不是由部分决定的，而是由这个整体的各个部分的内部结构和性质所决定的。

在交互设计中，格式塔心理学是实际运用最多的心理学理论之一，尤其是在用户界面设计中源自格式塔心理学的格式塔原理的应用十分广泛，因为人的视觉在很大程度上会受到感知偏差的影响，而这些偏差会影响人们对世界的认知。在用户体验设计的5个层面中，表现层面的感知设计主要通过图形语言的视觉表现向用户传达信息。

5.2.2 格式塔原理在数字媒体交互设计中的应用

格式塔原理主要包括主体-背景原理、接近性原理、相似性原理、连续性原理、封闭性原理、对称性原理、共同命运原理等。

1. 主体-背景原理

主体-背景原理是基于人的眼睛和意识在感知事物时，具有能自动将主体和背景的视觉区域进行区分的功能。仔细观察图5-8所示的两幅图像，体会主体-背景原理在设计上的巧妙应用。

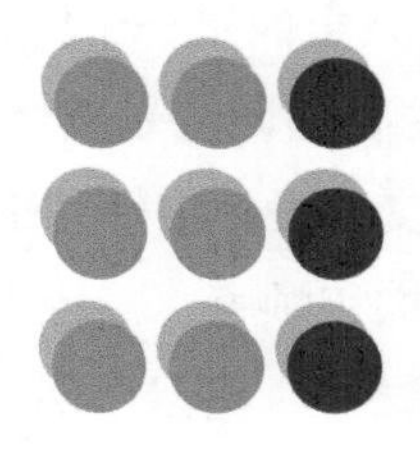

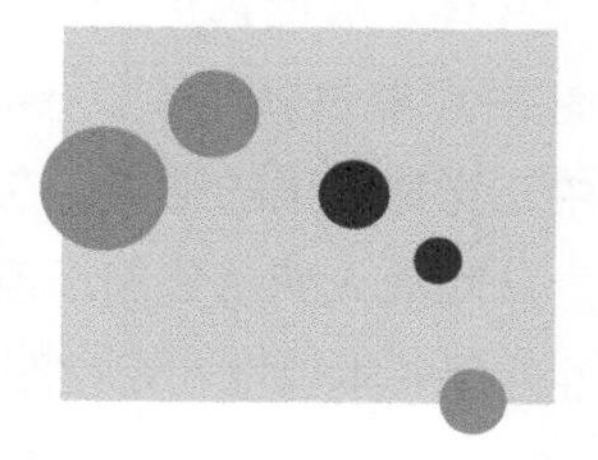

图5-8

主体是指在一个场景或界面中占据观者主要注意力的所有元素，其余的元素则是背景。当主体与背景重合时会对观者的视觉系统产生影响，人们的视觉系统倾向将小的物体视作主体，而把大的物体当作背景。在用户界面设计和网页设计当中主体-背景原理的应用很广泛，例如通过处理，将图像中的某些部分变成背景而使主体变得更为突出，这样既可以显示更多的信息，也可以吸引用户的注意力。

图5-9所示的是腾讯视频和爱奇艺视频的界面，它们为了突显出通知的重要性，都使用了主体-背景原理，使通知的信息能够高效地传达给用户。

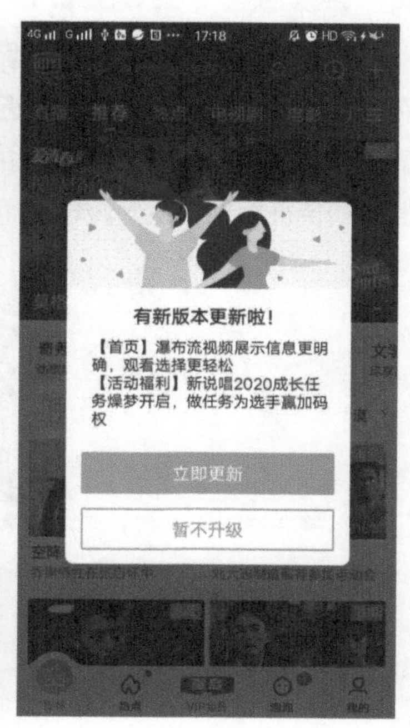

图5-9

2. 接近性原理

接近性原理在格式塔原理中使用率较高。物体与物体之间的相对距离会影响人们的感知。

相较于距离较远的两个物体，彼此靠近的两个物体看起来更像是一个组合。两个物体越接近，被视觉系统组合在一起的可能性就越大。接近性原理主要强调的是物体与物体之间的位置关系，这也是人类知觉中知觉律作用的结果。在数字媒体交互设计中使用接近性原理将相似元素安排在相近的位置上，从而让人们感受到项目整体的结构和顺序，减轻用户对信息资源的认知压力，允许他们一次性处理一类信息。观察图5-10和图5-11可以发现，同类图形因距离的不同，使得人们下意识地将它们分成了不同的部分。

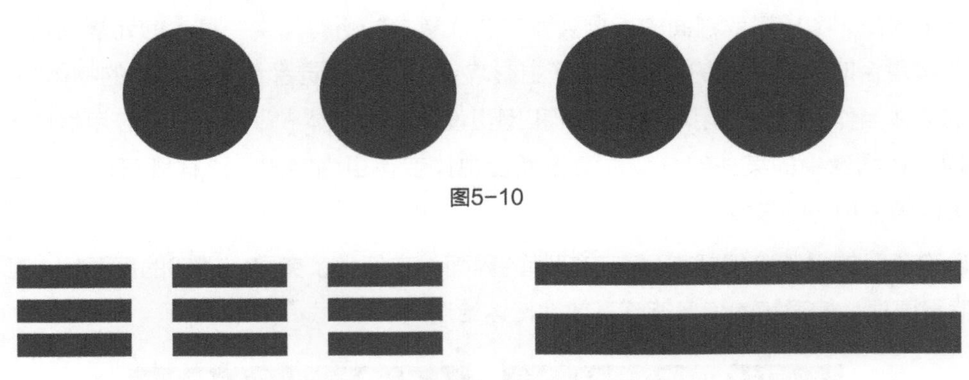

图5-10

图5-11

优衣库的商品展示页面设计使用的就是接近性原理，每个商品的关键信息，如可选的颜色、尺寸、价格等都显示在商品图像的底部。相同的信息顺序、相同的风格、相同的交互形式，都表明了它们具有相同的特征表现，从而减轻了用户的认知压力，如图5-12所示。

图5-12

3. 相似性原理

相似性原理与接近性原理类似，但两者是两个不同的概念：接近性原理强调的是物体的位置，而相似性原理则强调的是物体的内容。在视觉系统上，相似性原理主要指如在形状、颜色、大小、纹理等方面相似的客体易在视觉上被感知为一个整体。人们通常会把一些具有相同特征（如形状、颜色、大小等）的事物归在一类，即人们在视觉上会将感知到的相似部分汇总成一个组。这表明当人感知元素时，会将具有一个或几个特征的组合作为相关的一个大项，仔细观察图5-13所示的3组图形，体验相似性原则的运用手法。因此，在数字媒体交互设计中赋予不同的布局元素相同或相似的视觉特征，可以让用户更好地对内容和各个板块进行区分。

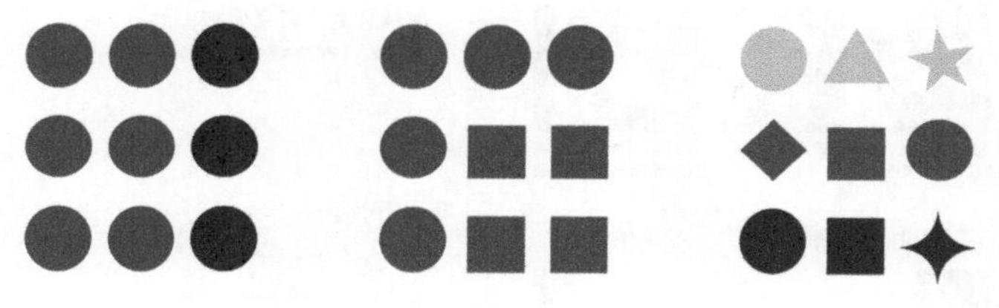

图5-13

天猫商城的导航设计就使用了相似性原理，相同的形状、相同的颜色、相同的大小使用户将信息自动地进行归类，如图5-14所示。

图5-14

网易云音乐App的页面导航和樊登读书App的页面导航也都使用了相似性原理，如图5-15所示。统一的视觉风格、统一的色调用以表明这些图标具有相似的功能，属于相同的信息层级。

用户的视觉会自觉地将相类似的事物进行归类，从而默认它们具有相似的功能属性。

图5-15

4. 连续性原理

连续性原理认为视觉感知是连续的整体而不是零散的碎片。连续性原理具有一定的规律秩序，可以通过不同的片段内容进行引导，如图5-16所示。当多个元素在页面上以同一方向或规律排列出现时，眼睛会产生强烈的线性感知，这种感知不仅加强了人们对信息分组的感知，还可以引导视线在页面中平滑流畅地移动，从而提高页面信息的可阅读性。在数字媒体交互设计中，连续性原理也是用户界面设计中经常使用的原理，常见的应用形式有列表、轮播图、泳道等。

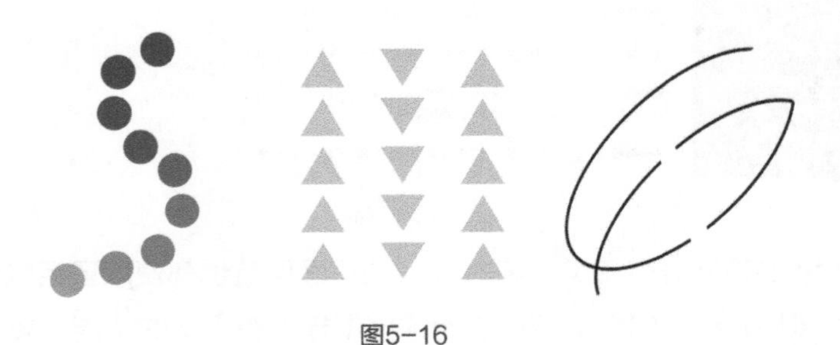

图5-16

其中，列表是最为常见的；轮播图一般会出现在首页，当用户打开应用程序时，轮播图会自动地进行左右滑动播放，连续性的设计使用户获得了更多的认知。如图5-17所示，红色的导航使用了泳道的设计，没有显示完整的图标表明了还有更多的内容可以通过滑动操作获得，连续性的设计使人的视线沿着线性的引导进行移动。

图5-17

微信页面中的导航设计也使用了连续性原理，当元素对齐时，其产生的连续性使视线的移动性增强，行和列的线性排列是连续性最好的示例，整齐的排列形成了视觉引导线，不仅加强了用户对信息分组的感知，而且使整个页面具有一种秩序感。音乐播放器的歌单列表也是如此，如图5-18所示。

图5-18

5. 封闭性原理

封闭性原理即当元素不完整或不存在时，依然可以被人们所识别，因为视觉感知系统的整体性，人们总是习惯性地将图形当作一个整体观看，于是便会将缺少的图形形状自动在脑海中进行补充，使之呈现出人们最终能够识别出来的完整图形的样子。如图5-19所示，即使没有三角形和圆形，在人们的脑海中依然可以补充出缺失的部分，使熟知的形状或图形浮现在眼前。

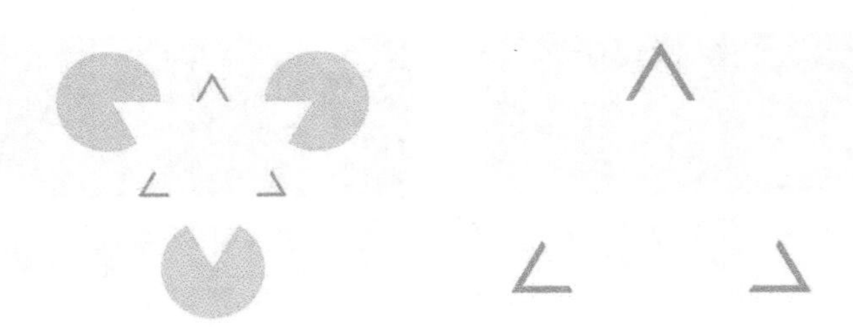

图5-19

封闭性原理的应用可以有效地解决信息冗余的问题。如图5-20所示，电子钱包中的卡片即使显示不全，也不影响用户对它的认知。省略和减法的处理，不仅可以节省空间，还可以让用户产生联想。爱奇艺App首页的导航分类较多，很难在同一个页面中显示出所有的导航信息，采用封闭性原理可以使用户在潜意识中自动地进行信息补充，引导用户通过交互的方式查看更多的信息内容，如图5-21所示。

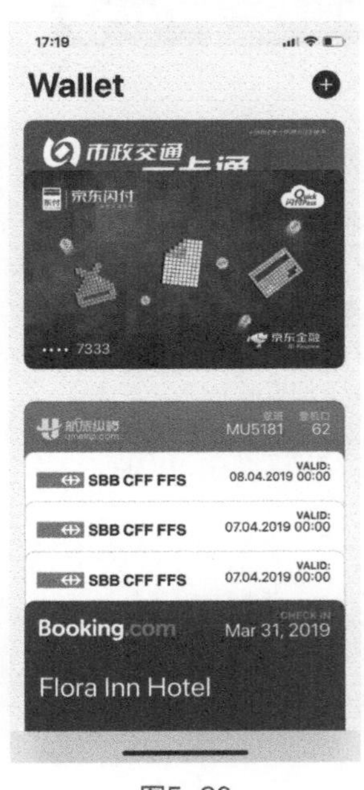

图5-20

图5-21

6. 对称性原理

对称性原理就是将复杂的事物进行简单化的分解。人类的视觉区域对信息的处理不仅会进行组合，也会对复杂的信息进行自动组织和解析，使事物简单化并赋予它们对称性。协调的对称元素不仅给人一种简单、舒服、愉快的感觉，还能够帮助人们更加专注于一些重要的事情。对称性原理具有的秩序性、稳定性、规律性，更利于人们的眼睛捕捉信息和理解信息的含义。因此，通过对称性原则传递信息会更快、更高效。当然，对称的作品有时也会给人一种静止和沉闷的感觉，而现下的视觉对称性设计更加趋向于有趣的和动态的效果，有时还在原本对称的设计中添加一些不对称的元素，以在打破沉闷的同时吸引人们的注意力。在数字媒体交互设计中对称性和不对称性的应用都非常重要。对称性具有一种秩序美，而应用对称性原则设计的作品不仅具有稳定性、规律性，并且极具生气。如图5-22所示，上方两个黄色的矩形色块与下方两个蓝色圆形色块形成了视觉上的对称。

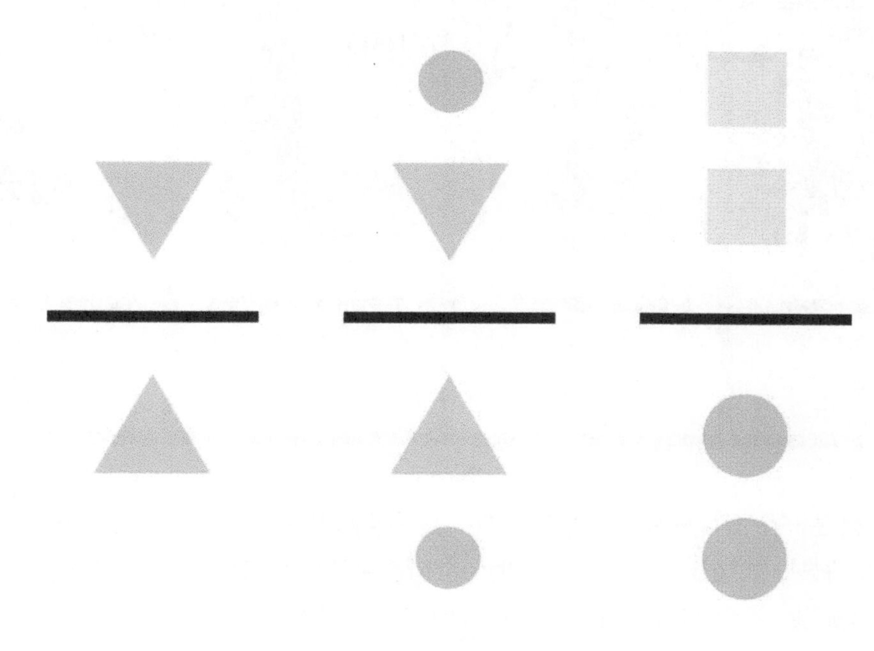

图5-22

图5-23所示的购物网站的精选品牌页面的设计即采用了对称性原理：当单个元素或整体是对称排列时，用户的视觉会自动地将它们归为一组，潜意识中也会认为它们具有相似或相同的属性；从信息分类上也可以看出，这些单独的元素的确也具有相同的属性——都是女性服饰品牌。可见合理应用对称性原理能帮助用户减少大脑处理信息的步骤，将复杂的信息进行了简化处理，减轻了认知负荷。

图5-23

Pinterest是一个图片分享类的社交软件，用户可以按主题分类添加和管理自己的图片收藏，并分享给好友，如图5-24所示。Pinterest所使用的页面布局是瀑布流的形式。Pinterest中的信息非常庞杂，而瀑布流的对称形式有效地解决了信息冗余的问题，并且使信息呈现出一种韵律感和秩序美。

Apple Books是苹果手机中自带的一款订阅电子书的应用程序，如图5-25所示。其以图书的封面作为信息的呈现元素，页面布局也采用了对称性的设计。图书虽然不断地被添加，但对称性的设计依旧能够使图书信息保持一种整齐的秩序感，使用户的精力可以更多地集中在图书的选择和阅读中，而不会使注意力被其他的信息所分散。

图5-24　　　　图5-25

7. 共同命运原理

前文介绍的6种格式塔原理关注的是事物的静态设计，共同命运原理关注的是事物的动态设计。在相同条件下，方向一致、速度相同的元素会自动地被组织在一起，如图5-26所示。

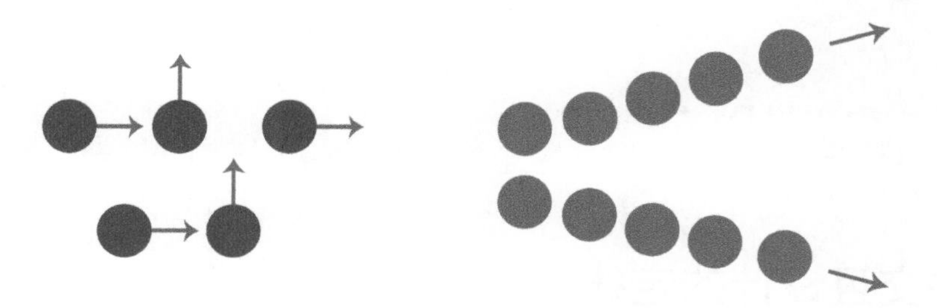

图5-26

当元素在同一时间、同一方向，以同一速度移动时，会让人感觉它们之间所产生的关联性最强，此时应用共同命运原理进行设计最为有效。

在iOS系统中，当执行长按App图标进行删除的交互动作时，其界面中的所有App图标都会有一致的运动倾向——开始左右摇晃，以告知用户这些图标当前已处于可编辑的状态，可以进行调整或删除了，这就是通过共同命运原理的应用来表明所有的元素都具有相同的属性，如图5-27所示。在网页和软件的界面设计中，常见的鼠标指针的悬停效果也使用了共同命运原理。如图5-28所示，当鼠标指针移动到工具图标上时，工具图标旁即会出现提示语，这两者间的强关联性很容易被用户感知。

图5-27

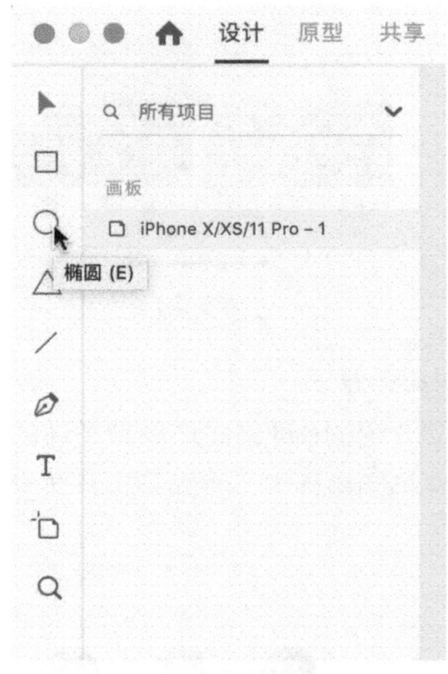

图5-28

5.3 有关交互设计的定律

在交互设计领域，有很多被时间和经验验证过的设计法则或定律，这些法则或定律对交互设计工作有着非常重要的指导意义。在交互设计中常用的定律主要有菲茨定律、希克定律、米勒定律、接近性定律、泰斯勒定律、新乡重夫的防错原则、奥卡姆剃刀定律。其中接近性定律源于格式塔心理学的接近性原理，在上一节中已经进行了详细的讲解，在此不再赘述。

5.3.1 菲茨定律

菲茨定律是由保罗·菲茨在1954年提出的，用于预测从任意点移动到目标所需时间的数字模型。目标距离越远，移动到目标的时间就越长；距离目标越近，移动到目标的时间就越短。在数字媒体交互设计中，菲茨定律是指通过图形用户界面使用鼠标指针从一个位置移动到另一个位置所需要的时间。菲茨定律为交互设计提供了科学依据和度量法则，使人们能够更进一步地了解如何获得更好的用户体验。

菲茨定律的公式如下：

$T = a + b \operatorname{lb}(1+\frac{D}{S})$

公式中，T是鼠标指针移动到目标位置所需的时间；a和b是经验参数；D是当前位置与目标位置的距离；S是目标大小。

例如，当用户需要拖曳鼠标指针到目标区块时，如图5-29所示，T的大小取决于D和S的值：当D一定时，S越小，T越大；S越大，T越小。当S一定时，D越小，T越小；D越大，T越大。

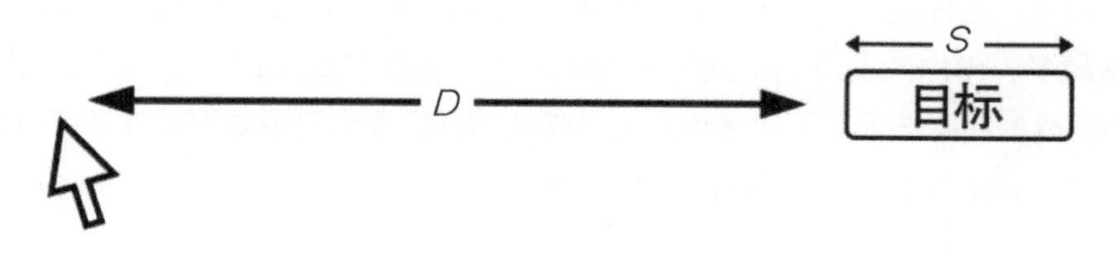

图5-29

在微软公司的Windows操作系统中，【开始】按钮位于屏幕的左下角，实际上苹果公司的macOS操作系统也把重要的控件图标放于屏幕边角的位置。这两个不同操作系统之所以会做出同样的选择，都是由菲茨定律决定的。屏幕的边角是一个极其特殊的位置存在，无论鼠标指针再怎么移动都不可能跨出屏幕之外，只能停留在屏幕的边界上，所以边界对于用户的操作而言是无限性不可触发的，这就意味着无论鼠标指针距离屏幕界面上的目标物体有多远，所需要花费的时间是理论上的最小值。根据菲茨定律，将重要的控件图标放置在屏幕界面的边角能够使用户轻松实现高效的操作。

5.3.2 希克定律

希克定律（或希克-海曼定律）是由威廉·埃德蒙·希克和雷·海曼在20世纪50年代共同研究出来的，这是一种心理物理学定律。该定律提出信息传递时间与刺激的平均信息量之间呈线性关系，当人们面对更多的选择时，反应的时间就会相应地增加。这就意味着，随着选择数量的不断增多，用户做出决策的时间会变长，如图5-30所示。

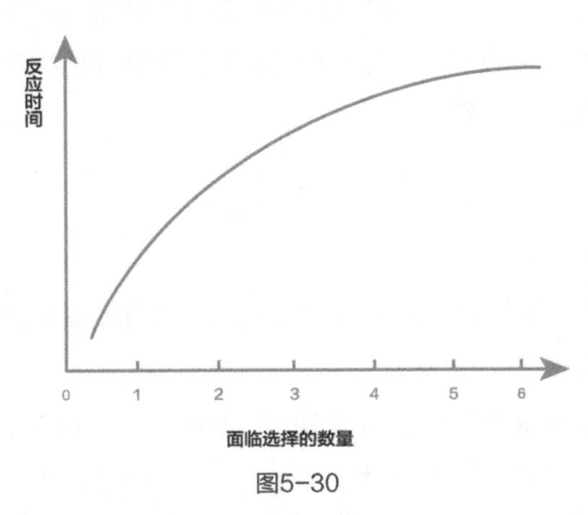

图5-30

购物平台的菜单选择往往都是用户最难做抉择的地方，天猫购物平台的页面菜单中不仅按照品牌进行划分，还根据产品类型设置了图案选项等划分标准，如图5-31所示。希克定律指出选项数量越多，用户的反应和决策的时间就越长，因此在品牌的菜单中只显示了一些热门的、搜索率很高的品牌选项，而对于更多的品牌选项则需要通过滑动滚动条才可以获得。减少选项的呈现量，能够有效地提高用户的决策效率。

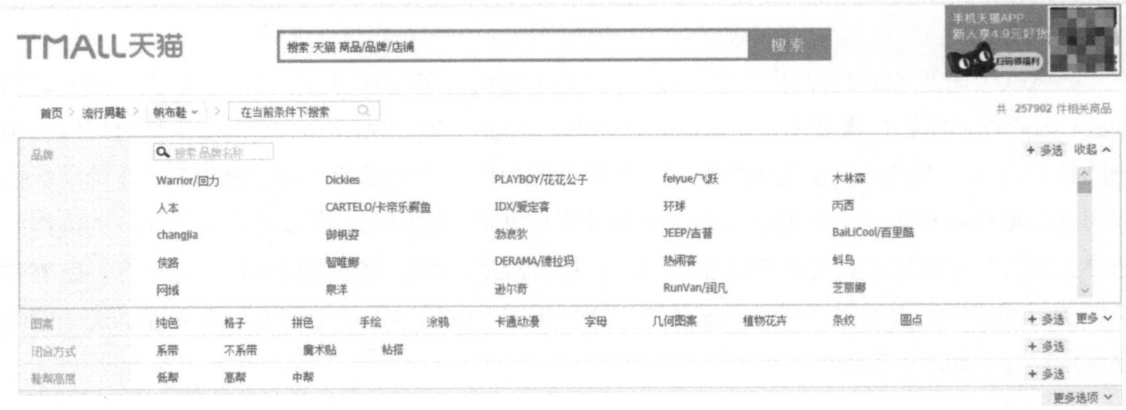

图5-31

5.3.3 米勒定律

米勒定律即7±2 法则，是由认知心理学奠基者、心理学家乔治·米勒（George A.Miller）提出的，他在1956年发表的论文《神奇的数字7±2：我们信息加工能力的局限》中关于短时记忆的研究内容具有里程碑的意义。乔治·米勒的研究认为，人类的短时记忆一般一次只能记住5 ~ 9个事物。由于人类大脑处理信息的能力有限，大脑会将复杂的信息区块化。例如，手机号有11位，人们记忆手机号时都习惯将手机号码进行区块划分，以方便快速记忆。

在用户界面设计中导航菜单的数量一般会控制在7±2个。如图5-32所示，BOSS直聘网站首页上横向导航菜单的数量有7个，即城市定位、首页、职位、校园、公司、App、资讯。

由于App的应用载体是手机，受其物理尺寸的限制，App的导航数量会比网页的导航数量少，一般是3 ~ 4个导航按钮，最多不会超过5个。相关示例如图5-33所示。当导航选项按钮多于5个时，为了确保用户能够获得良好的体验，减轻认知负荷，更多的导航选项按钮会被隐藏在抽屉菜单中。

图5-32

5.3.4 泰斯勒定律

泰斯勒定律即复杂度守恒定律，是由拉里·泰斯勒（Larry Tesler）于1984年提出的。该定律认为每一项任务的执行过程都具有复杂性，且存在一个临界点，超过临界点就不能再进行简化了，只能将固有的复杂性转移到其他地方。

在音乐App中，当歌单中的歌曲过多时，用户界面中无法将全部的内容显示完全，就可以根据泰斯勒定律将更多的内容隐藏，例如通过【更多】选项将更多的内容从当前的页面转移到另外的一个页面中，如图5-34所示。

再比如米家App的空调控制界面，当用户使用其App打开空调时，空调控制界面会以弹窗的方式显示在屏幕上，弹窗界面中仅提供控制空调基本功能的按钮，诸如开关、控温、制冷、制热、送风等。这些功能按钮能够完全满足用户对空调使用的基本需求，如果用户希望获取更多的信息和操控，就需要点击【更多操作】才能打开更加详细的功能菜单，如图5-35所示。

图5-33

图5-34

图5-35

5.3.5 新乡重夫的防错原则

“防错原则”最早出现于20世纪60年代的汽车制造领域。该领域的工程师新乡重夫（丰田生产体系的创建人）提出了这个理念，指出“零损坏”就是品质要求的最高极限，认为遗忘有两种方式，一种是疏忽，另一种是忘却，因而建议采用一些措施预防问题的发生。新乡重夫被尊称为“纠错之父”，首创了“Poka—Yoke”的概念，即绝不允许哪怕是有一点点缺陷的产品出现，必须及时发现问题并纠正问题，必须在实际上达到“零”缺陷。新乡重夫认为大部分的意外都是由设计的疏忽而导致的，而不是人为造成的，所以在设计中要使用防错机制。

图5-36和图5-37所示的分别是QQ的登录界面和登录失败提示页面，当用户在登录QQ账号时，输入的账号或密码错误时，会弹出相应的信息提示页面，提示用户所输入的账号或密码不正确，并且当用户反复尝试之后仍然无法正常登录时，可在弹出的窗口中选择修改密码，以便使用户的操作可以正常进行。

图5-36

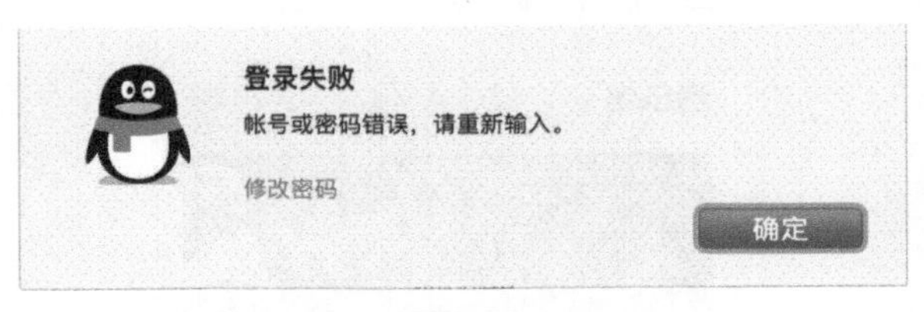

图5-37

图5-38所示的是QQ音乐的登录界面。一般情况下，登录界面有时会非常明确地标注出《用户许可协议》，当用户进行注册时，需要勾选【同意《用户许可协议》】复选框才可以注册或使用第三方应用程序的账号进行登录。当不勾选【同意《用户许可协议》】的复选框时，注册或登录按钮是无法激活、无法使用的。

在微信中，当用户点击导航菜单中的【我】，选择【设置】→【退出】要退出已登录的微信账号时，界面中会弹出窗口，对退出操作进行提醒，并且明确告知用户在退出账号后，账号中所保存的数据不会被删除，如图5-39所示。

在数字媒体交互设计中采用防错原则，能够有效地避免用户进行错误的操作，以及由此造成的不可挽回的损失。

图5-38

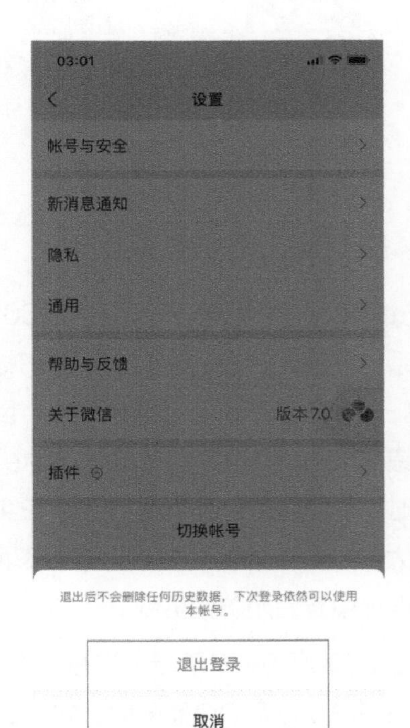

图5-39

5.3.6 奥卡姆剃刀定律

奥卡姆剃刀定律又被称为简单有效原理，是由14世纪逻辑学家威廉（William of Occam）提出的。

奥卡姆剃刀定律以结果为导向，始终追求高效简洁的方法，其核心思想是如无必要，勿增实体。其在数字媒体交互设计中的一种应用体现是：用户界面的设计中只放置必要的元素，不必要的元素可以通过【更多】选项进行隐藏，尽可能地减少点击次数，缩短操作路径，提供更少的选项以减轻用户的认知负荷，使用户能轻松自如地进行操作。

图5-40所示的手机充值页面中直接给出了可充值的金额选项，用户可以直接选择想要充值的金额，毕竟选择题比填空题更容易得出答案。奥卡姆剃刀定律就是尽可能地使用户的操作变得更加高效。

图5-41所示的是顺丰快递App可以实现信息自动识别的功能。当用户在寄发快递时都需要填写相应寄件信息和收件信息，这些信息包括收件人或寄件人的姓名、电话、地址等，而这些信息往往都是以文本或图片等形式整合在一起的，用户需要做的就是将这些信息逐条填入相应的输入栏中，而智能输入功能极大地提高了工作效率，图片识别的功能和语音输入的功能使信息的填写不再复杂、烦琐，极大地缩短了用户的操作路径，使操作变得简洁而高效。

图5-40

图5-41

5.4 同步强化模拟题

一、单选题

1. 情感化设计是认知心理学家（　）在2004年于《情感化设计》一书中提出的，他认为情感与价值判断相关，而认知与理解相关，它们之间紧密相连，密不可分。

A. 弗洛伊德　　B. 唐纳德·A.诺曼　　C. 费斯汀格　　D. 罗杰斯

2.《情感化设计》一书中将设计分为了3个层次，即（　）。

A. 本能层、行为层和感知层　　B. 本能层、社交层和尊重层

C. 本能层、行为层和反思层　　D. 生理层、社交层和尊重层

3. 本能层的设计与人的第一反应有关，人是视觉动物，在人获取外界认知的占比中，（　），视觉和听觉成了支配行为的主要因素。

A. 视觉占85%，听觉占11%　　B. 视觉占75%，听觉占25%

C. 视觉占65%，听觉占35%　　D. 视觉占55%，听觉占45%

4. 在本能层的设计中，视觉表现成为促发用户行为动作的起始点，与购物相关的应用程序以暖色为主，对于应用工具类的产品，往往都是以（　）为主。

A. 紫色　　B. 绿色　　C. 蓝色　　D. 冷色

5.（　）主要强调的是物体与物体之间的位置关系，这也是人类知觉中知觉律作用的结果。

A. 主体-背景原理　　B. 接近性原理

C. 相似性原理　　D. 对称性原理

二、多选题

1. 本能层的设计是感官的、直观的、感性的设计；行为层的设计是（　）设计；而反思层的设计是情感的、意识的、情绪的、认知的设计。

A. 功能上的　　B. 易懂的　　C. 易用的　　D. 逻辑性的

2. 优秀的行为层设计有4个要素，即（　）。

A. 功能　　B. 易理解性　　C. 易用性　　D. 感受

3. 格式塔原理主要包括（　）。

A. 主体-背景原理、接近性原理

B．相似性原理、连续性原理

C．封闭性原理、对称性原理

D．共同命运原理

E．功能性原理

4．交互设计的先驱们根据多年来的经验总结出了交互设计的七大定律，即（　　）。

A．菲茨定律、希克定律

B．米勒定律、接近性定律

C．泰斯勒定律

D．新乡重夫的防错原则

E．奥卡姆剃刀定律

三、判断题

1．相似性原理与接近性原理接近，但它们强调的是两个不同的概念。相似性原理强调的是物体的位置，而接近性原理则强调的是物体的内容，主要指如形状、颜色、大小、纹理等相似的客体在视觉上易被感知为一个整体。（　　）

2．菲茨定律提出人的信息传递时间与刺激的平均信息量之间呈线性关系，当人们面对更多的选择时，反应的时间就会相应地增加。这就意味着，随着选择数量的不断增多，用户做出决策的时间就变长。（　　）

3．格式塔意即“模式、形状、形式”等，意思是指“动态的整体”，知觉经验与大脑之间具有直接的关联性，视觉影响着意识，意识决定着用户的行为表现。（　　）

5.5 作业

对生活类的App进行收集和整理，选取其中2个，通过对色彩、图形、图标以及界面设计的分析，说明它们与情感化设计的联系，并且使用格式塔心理学和交互设计七大定律对App的界面设计进行分析和总结。

第 6 章

交互设计工具

从交互设计的流程中就可以看出，在设计项目真正进入技术开发之前，所需要做的工作是庞杂的，然而这些工作任务对最终产出的结果又起着至关重要的作用，直接决定着最终的成败。使用合适的工具能够使工作事半功倍。本章将对交互设计中常使用的设计工具进行详细的讲解，帮助使用者能够根据不同的任务需求选择适宜的设计工具，从而使工作更为得心应手。

6.1 思维导图工具

思维导图是交互设计中构建信息框架图时常用的一种工具，是对项目功能和内容进行梳理和整理的有效工具。常用的思维导图绘制工具有Xmind和Mindjet MindManager等。

6.1.1 Xmind

Xmind是一款将思维导图和头脑风暴结合应用的软件，能够通过可视化的方式帮助设计师理清设计思路，管理复杂的信息，实现高效的工作。其界面示例如图6-1所示。

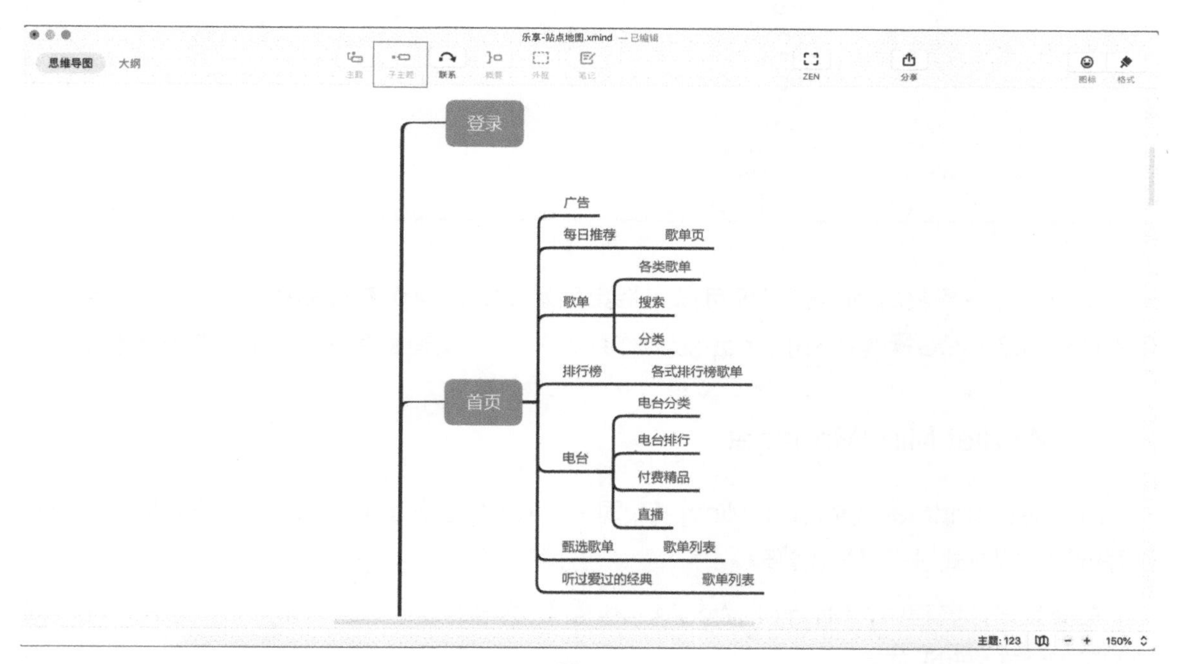

图6-1

在交互设计流程中Xmind主要应用于信息框架图的创建，有助于设计师保持清晰的思路，便于检查梳理各个层级功能之间的逻辑关系，并且能够快速地进行调整。

Xmind的页面布局简洁，使用户的精力可以更多地集中在重要的基础功能上。主题是Xmind中最重要的功能，选中画布中的主题后点击【子主题】按钮可以快速地添加子主题，从而创建出一个思维导图。各个主题的样式可以在样式面板中进行修改，以区分不同级别的主题，从而优化视觉效果，提高工作效率。除此之外，Xmind还可以由思维导图模式转换成大纲模式，有助于交互设计师对信息进行整理与规划。其界面示例如图6-2所示。

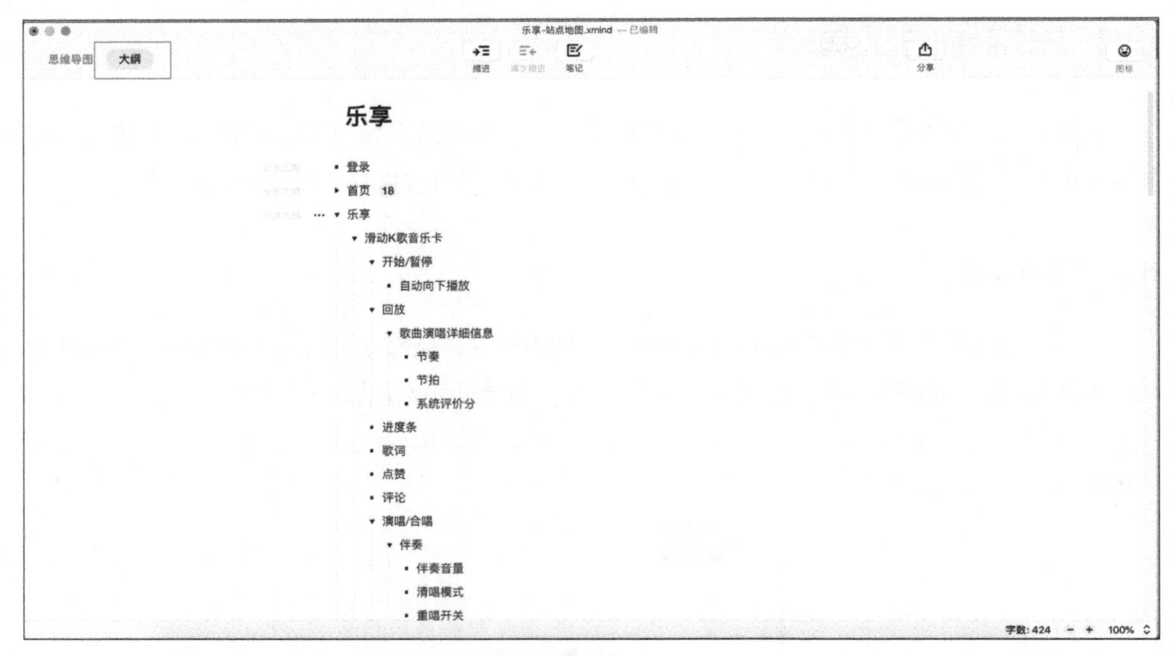

图6-2

Xmind支持多终端同步，不仅可以支持桌面端（Mac操作系统和Windows操作系统），还支持移动端（iOS操作系统和Android操作系统），可以实现多系统、多平台的无缝连接。

6.1.2 Mindjet MindManager

Mindjet MindManager是由Mindjet公司开发的一款管理型的应用程序，它可以让用户通过思维导图的方式进行可视化管理。

在交互设计流程中，Mindjet MindManager能够帮助设计师将复杂烦琐的想法转化成简单明了的结构化知识体系。

Mindjet MindManager的云存储功能可以让用户在多个操作平台对文件进行查看及操作。Mindjet MindManager还可以和其他许多软件（如PowerPoint、Word、Excel、Adobe Reader等）相关联，进行内容的导入和导出。其界面示例如图6-3所示。

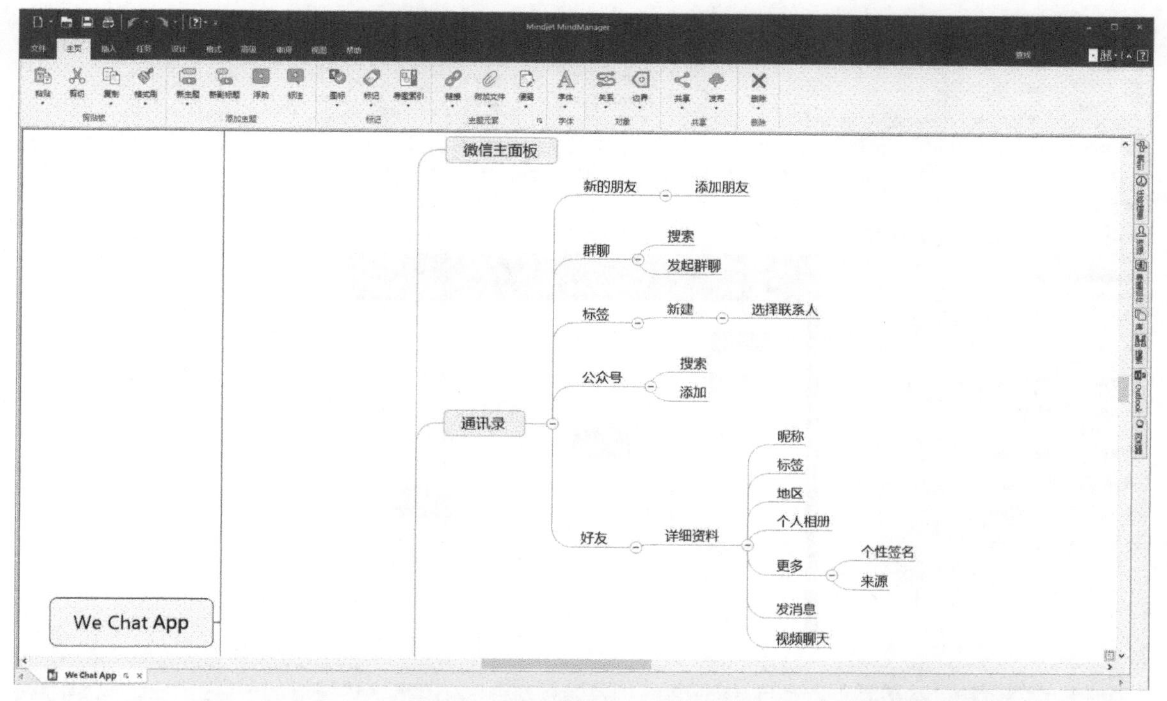

图6-3

Mindjet MindManager也支持多终端使用，不仅支持桌面端（Windows操作系统、Mac操作系统和Linux操作系统），还支持移动端（iOS操作系统和Android操作系统），可以在多平台、多系统间灵活运用。无论是在线还是离线，无论何时、何地、何种设备，Mindjet MindManager都能够使用户便捷操作，实现一端操作，多端同步。

6.2 流程图工具

流程图是梳理复杂关系的有效工具，可以帮助设计师用直观的方式描述出交互设计过程的具体步骤，通过图形表达出流程思路。常见的流程图工具有Visio和OmniGraffle等。

6.2.1 Visio

Visio是微软公司推出的一款绘制流程图的工具软件，是Office系列工具之一。它具有丰富的绘图模板，自带的流程图符号可以帮助交互设计师或产品经理快速、简洁地完成流程图的绘制，令信息形象化、直观化。其界面示例如图6-4所示。

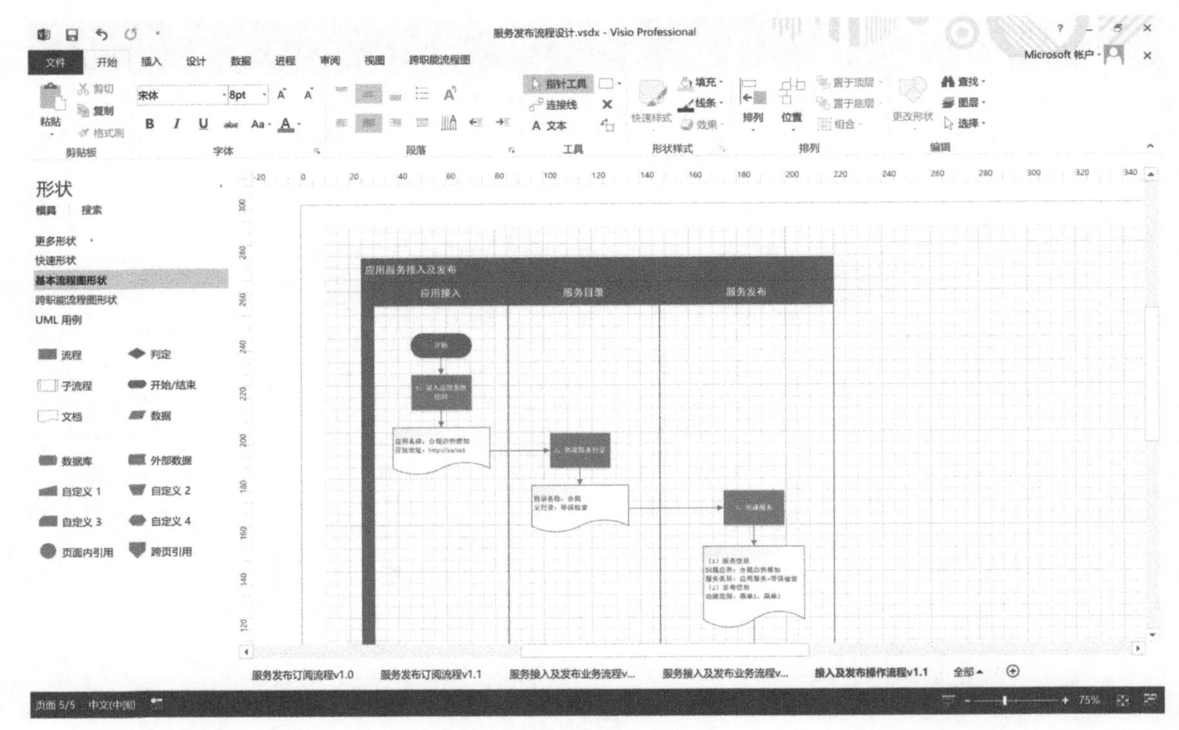

图6-4

Visio作为一款专业级的绘制流程图的工具软件，在使用过程中拖动形状模块时界面上会自带参考线，且连接线会自动对齐，这些都极大地方便了用户的使用。因为同属Office系列，将使用Visio制作出的流程图导入Word文档也十分方便，甚至可以在Word中直接对流程图进行修改和完善，这是Visio具有的其他流程图软件无法比拟的优势。

Visio目前只能在Windows系统中进行查看和编辑，在Mac系统中只能查看，无法编辑。

6.2.2 OmniGraffle

OmniGraffle是一款由The Omni Group制作的绘制流程图的工具软件，在2002年时获得了苹果设计奖。它采用了拖曳式、所见即所得的界面方式，很清晰地表达出设计师想要呈现的内容。其界面示例如图6-5所示。

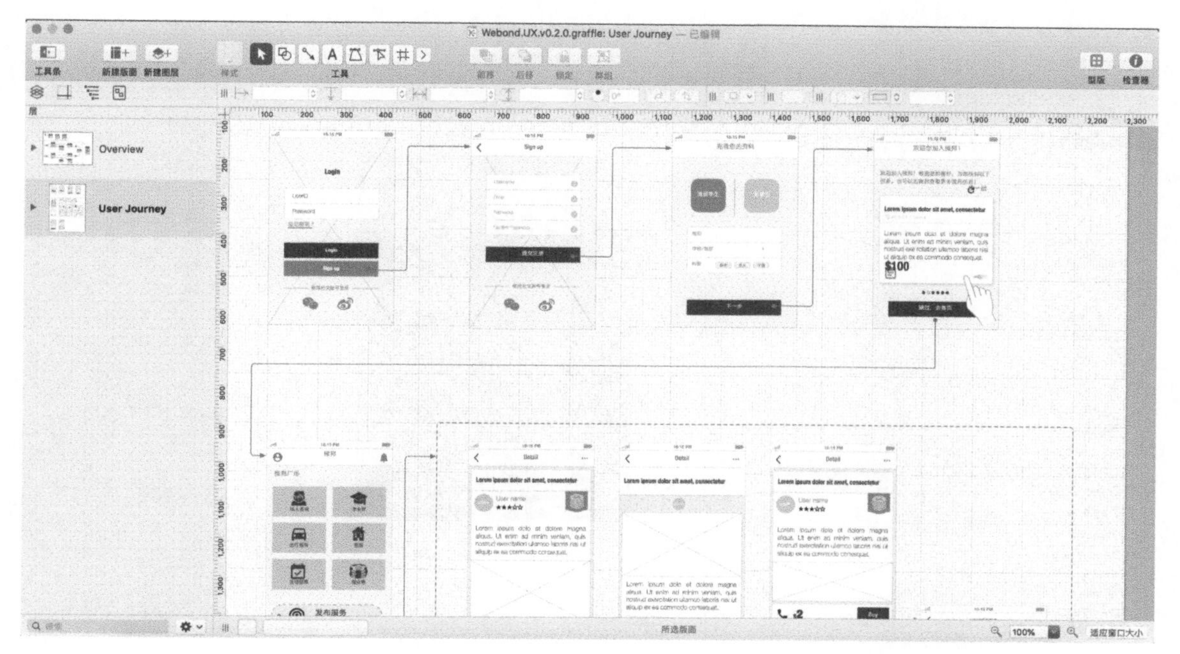

图6-5

OmniGraffle与Visio有很多类似的地方，如流程图的符号集，只是视觉表现的效果不同。在绘制流程图的过程中，OmniGraffle优雅的界面布局使用户能够更快地掌握基本操作。它自带的Stencil的功能插件(可以理解为模板)，能帮助设计师显著地提升工作效率，同时还可以创建出很好的视觉效果。

目前，OmniGraffle只可以在Mac操作系统和iOS操作系统上运行。

6.3 静态原型设计工具

静态原型设计工具是交互设计师、UI设计师进行图像界面设计的工具，矢量的图形绘制、面板的管理、快速的导出设置使原型设计工具成为交互设计中进行视觉表达的利器。常用的静态原型设计工具有Sketch和XD。

6.3.1 Sketch

Sketch是一款专门为UI设计师打造的专业级矢量绘图的工具软件。其界面示例如图6-6所示。

图6-6

Sketch作为当前交互设计工作中使用率最高的原型设计工具之一，主要应用于图形界面的视觉设计，与Photoshop相比，Sketch的体量更小一些，操作也更加便捷。Sketch也可以用于制作一些简单的交互动效，它主要依赖于画板和热区的链接来实现页面间的跳转，但与Axure RP相比，很多更高级的交互无法实现。Sketch具有很强大的协作基因，这使其成为互联网行业的主流设计软件。与此同时，Sketch还可以自由导入和导出SVG、PNG、JPG等各种格式的文档，可以一键生成适用于iOS和Android操作系统的文件，极大地提升了工作效率。

Sketch目前只支持Mac操作系统，在Windows操作系统上还无法使用。

6.3.2 XD

XD是 Adobe公司专门为UI设计师推出的一款原型设计软件（偏视觉设计），其中包含的模板、组件和操作命令对于有Adobe系列软件使用经验的人来说会上手很快。XD可以用于制作一些简单的交互动效，能满足基本的交互原型的设计与制作。XD将设计、原型、共享分为了3种不同的模式，在进行具体的设计实践时需要在不同的模式中完成，如图6-7所示。另外，XD的原型模式支持语音交互原型的设计与制作，但对设备和软件版本有一定要求。同时，XD还可以连接游戏手柄，创建游戏的交互原型。

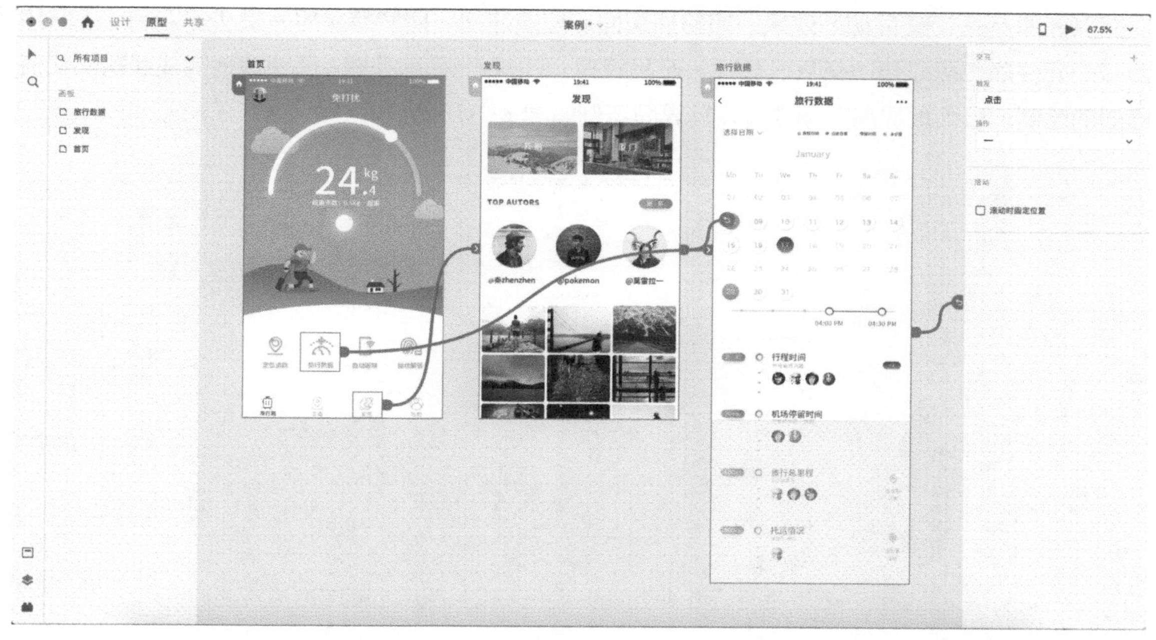

图6-7

XD不仅适用于Windows操作系统，还适用于Mac操作系统，并且在iOS和Android的配套应用程序中可以实时预览。

6.4 交互原型设计工具

交互原型设计是让用户体验产品、交流设计构想、展示复杂系统的一种手段。交互原型设计工具可以帮助设计师快速地整理交互逻辑，展示交互原型，并进行原型测试。常用的交互原型设计工具有Axure RP、蓝湖、Principle和墨刀。

6.4.1 Axure RP

Axure RP是一款专业级的快速原型设计工具，主要用于Web产品、App产品、软件产品的交互原型设计与制作，是互联网产品设计开发的必备软件之一。它能够快速地帮助用户体验设计师、交互设计师和产品经理等相关人员创建应用软件的原型，同时还支持多人协作设计和版本控制管理。

Axure RP具有强大的交互动效的制作功能，其中的动态面板、中继器、函数、变量等可以高度还原产品的交互动态效果，如轮播页面、登录注册、购物结算等。此外，Axure RP中自带的元件库也可以帮助交互设计师、产品经理、UI设计师等相关人员快速地完成线框图和流程图的绘制，极大地提高工作效率。其界面示例如图6-8所示。

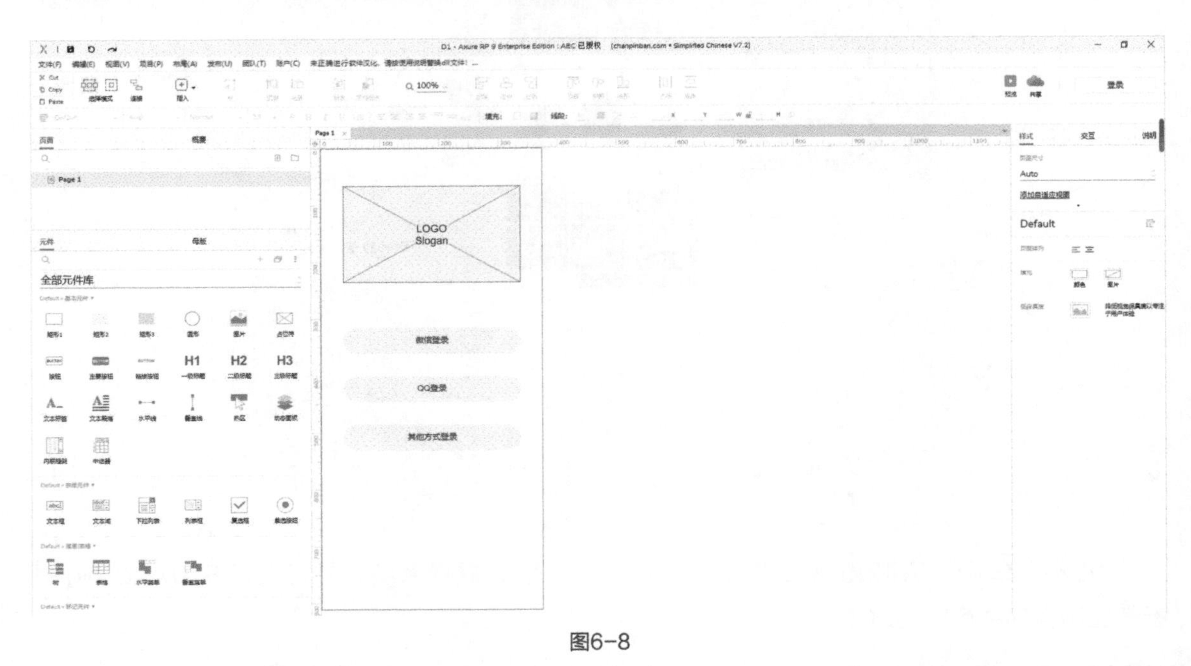

图6-8

Axure RP支持Windows操作系统和Mac操作系统，能实现多系统、多平台的无缝连接。

6.4.2 蓝湖

蓝湖是一款无缝衔接设计和研发的在线原型设计工具。蓝湖比较适合产研团队使用，可以实现产品、设计、研发的无缝衔接，能够有效地降低沟通成本，缩短研发周期，提高团队的工作效率。它支持几乎所有格式的设计文件的导入和导出，有助于设计师快速地在线浏览设计稿和原型图，同时它可以保留所有历史版本，便于信息沉淀和查找。蓝湖自带的自动切图和标注功能，极大地解放了设计师的双手，大大地提高了设计师的工作效率。其界面示例如图6-9所示。

目前iOS操作系统和Android操作系统都有蓝湖配套的应用程序，在手机中安装蓝湖App就可以实时地预览交互原型的动态效果。

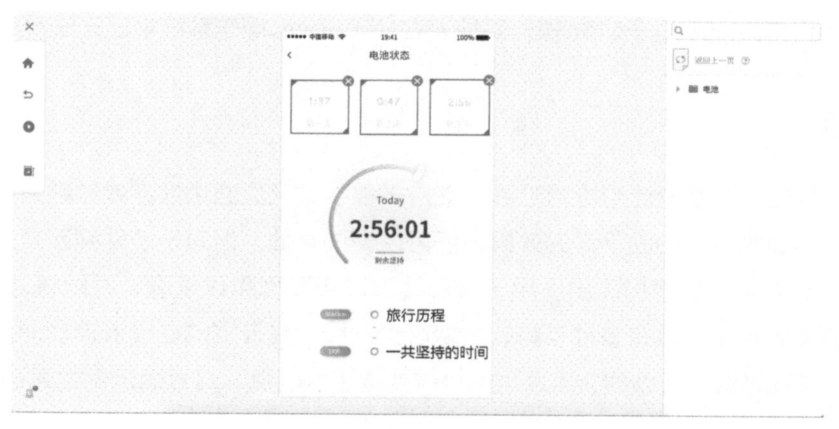

图6-9

6.4.3 Principle

Principle 是一款交互原型动效制作软件，它巧妙地结合了Sketch的界面和功能布局、Keynote（这是Mac操作系统中类似于PPT的工具软件）的神奇移动效果、Flash的创建补间动画等软件的优点，极大地降低了用户的学习成本，用户可以轻松、快速地掌握软件的使用方法，在很短的时间内就能制作出一个具有完整交互动画的原型。视频、音频、图像文件都可以被加载到Principle创建的界面中，并且它还支持分页、滚动、拖动、触摸等交互行为，能够非常有效地设计动画原型及应用程序。其界面示例如图6-10所示。Principle还可以将交互动画生成视频或GIF文件，以便用户可以将其分享到社交平台。

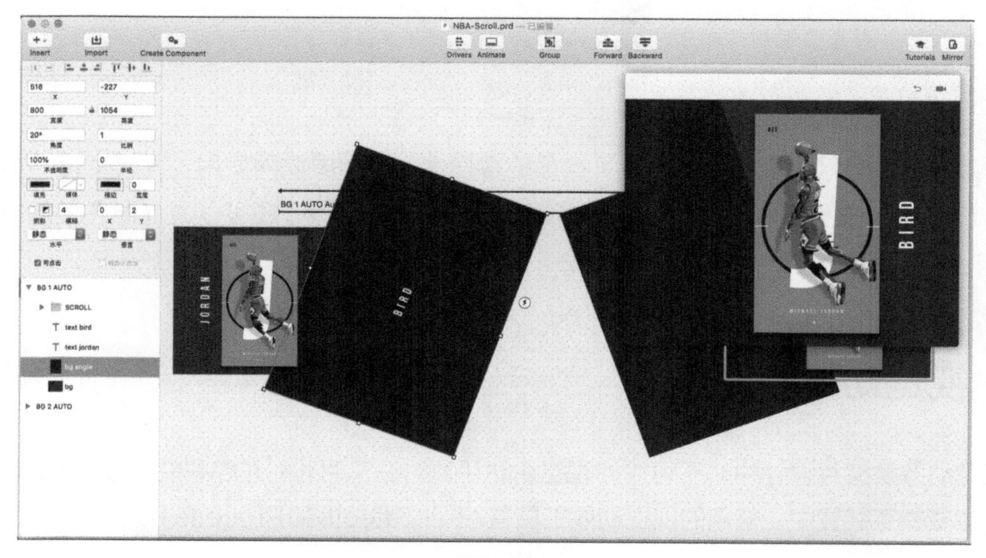

图6-10

Principle目前只能应用于Mac操作系统，在Windows操作系统中还无法使用。

6.4.4 墨刀

墨刀是一款在线原型设计与协同工具，支持多种手势及页面切换特效。墨刀可以实现元素间相互切换、界面跳转、动画平滑的效果，还可以调试参数，但对于条件判断复杂的交互逻辑却无法实现。墨刀可以快速构建出适用于移动端的应用原型和线框图，并能将之保存到云端，支持移动端的实时预览，具有多种手势、主题可供选择。其云端的在线保存功能使团队成员间可以及时地分享和讨论，使创建交互原型的协作变得更加便捷。其界面示例如图6-11所示。

图6-11

墨刀之前只有网页版，目前已有了自己的客户端，但需要联网使用，同时支持Windows操作系统和Mac操作系统，并支持移动端iOS和Android预览，还可以通过插件与Sketch直接进行对接。

6.5 视觉动效工具

视觉动效是交互设计中必不可少的视觉表达手段。在交互设计的实践中，视觉动效常被用于微交互或交互装置中。常用的视觉动效工具有After Effects和Processing。

6.5.1 After Effects

After Effects 是Adobe公司推出的一款专业级的视频剪辑、视频后期合成处理的设计软件，在交互设计中主要应用于展示产品的交互操作、产品的细节等，让用户能够对产品有更直观的感受和认知，为后续的开发提供完整的产品参考，节省沟通成本。After Effects通过滑动时间轴、处理复杂任务和编辑大量关键帧的方式，帮助设计师快速地完成动态图形的创建，制作出高保真的原型演示效果。其界面示例如图6-12所示。

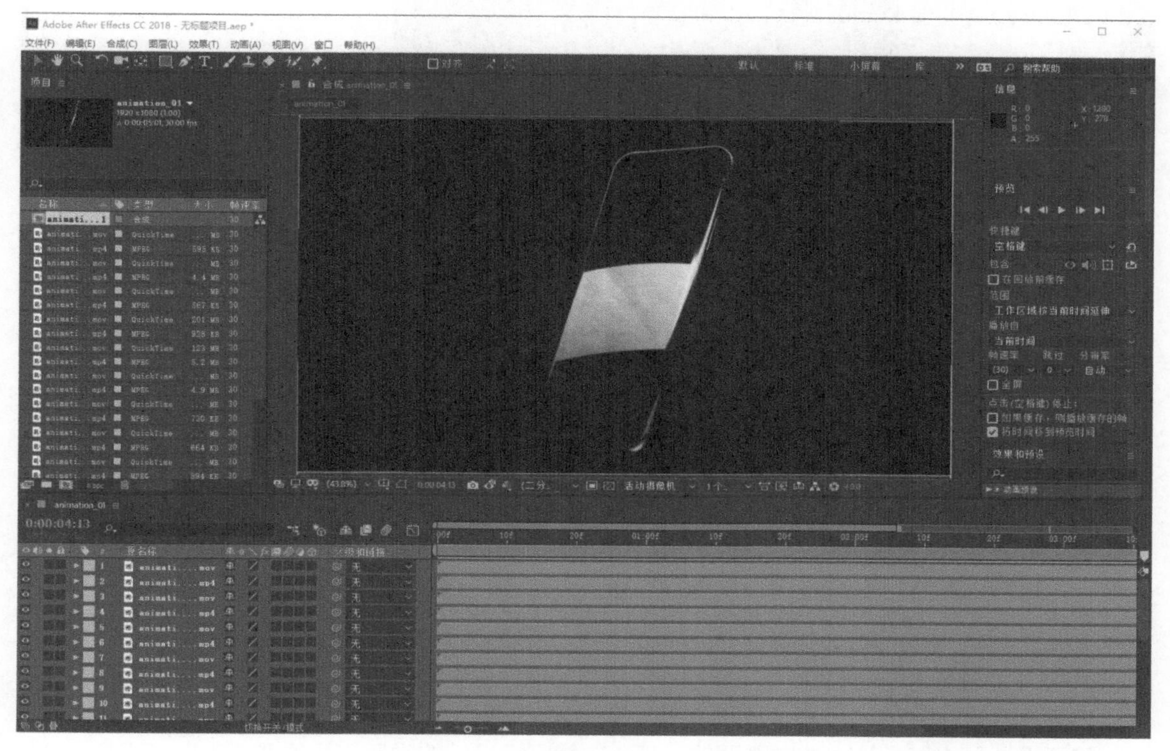

图6-12

After Effects在Mac操作系统和Windows操作系统中都可以使用。

6.5.2 Processing

Processing是一款视觉交互设计软件，专为数字艺术设计和视觉交互设计服务。Processing的语言建立在Java语言的基础之上，支持许多现有的 Java 语言架构，不过在语法上简单许多，并提供图形编程模型。其界面示例如图6-13所示。用Processing 完成的作品不仅可以在个人电脑端进行演示，也能以Java Applets 的模式向外输出至网络上发布。很多交互装置中的视觉部分是通过Processing设计完成的，可以说Processing是表现数字媒体交互艺术的最佳助手之一。

图6-13

Processing 目前在Windows、Mac和Linux等操作系统上都可以使用。

6.6 网页设计工具

网页设计是交互设计中非常重要的一环，完成网页设计的常用工具是“HTML+CSS+JS”。HTML是超文本标记语言，用于控制网页中的结构；CSS（Cascading Style Sheets，层叠样式表），用于设定网页的样式，对网页有修饰作用。CSS和HTML一起配合使用，可以创建出静态网页，而如果要在静态页面的基础上添加动态效果，就需要使用JS（JavaScript）语言。当然，目前也有很多适合设计人员使用的具有编程功能的设计软件，如Dreamweaver、互动大师iH5、木疙瘩（Mugeda）等，这些软件将设计工具和编程语言进行了融合，使设计人员能够快速地掌握和使用，轻松完成网页的设计与制作。

6.6.1 Dreamweaver

Dreamweaver 是Adobe系列软件中用于网页设计与制作的一款工具软件，能够帮助设计师独立完成网站的设计与开发。其界面示例如图6-14所示。

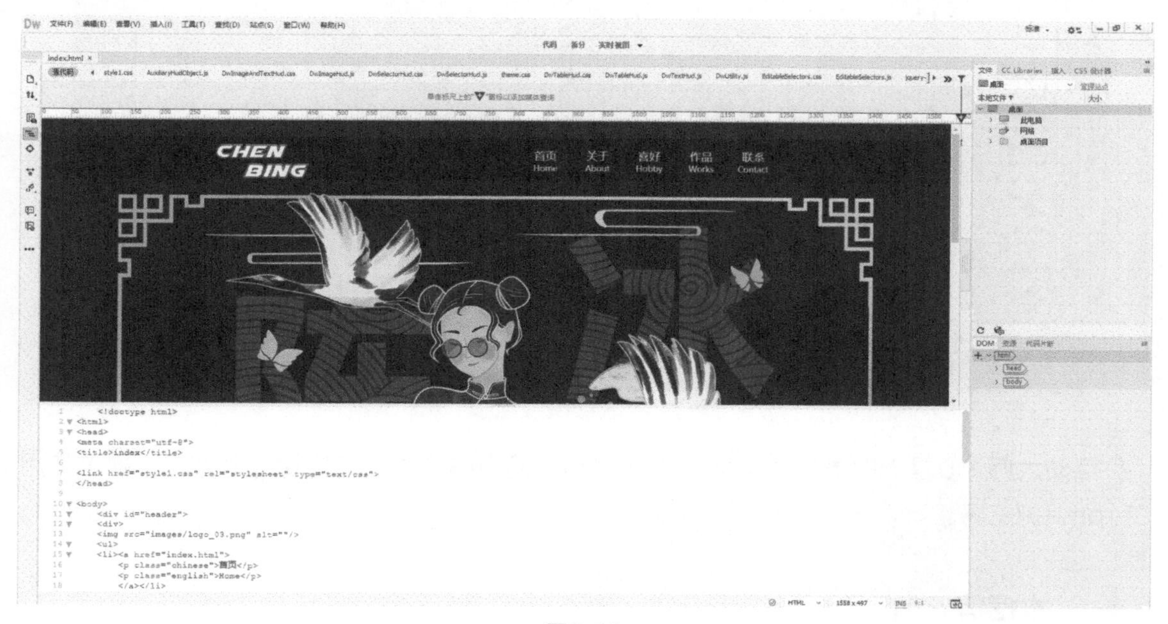

图6-14

Dreamweaver对设计师十分友好，在打开软件页面时，会有标准工作区和开发人员工作区两种不同模式以供不同人员使用。标准工作区中既含有设计视图窗口，也有代码视图窗口。使用者可以在设计视图窗口进行网页的图形界面设计，也可以在代码视图窗口编写代码，并且代码视图窗口还具有代码提示的功能，能够节省大量编写代码的时间。

Dreamweaver不仅支持Mac操作系统，还支持Windows操作系统。

6.6.2 互动大师 iH5

H5是由HTML5简化而来的词汇，是集文字、图片、音乐、视频、链接等多种形式的移动端网页，通过微信广泛地进行传播。

互动大师iH5是一款专业的H5制作软件，可以用于在线设计与编辑可视化应用原型、网页等多种类型的交互内容，并提供了大量的专业模板及丰富的移动交互设计样式。该软件还可以同时调用手机中的多个传感器，如陀螺仪、麦克风、相机、GPS等，实现手机多屏互动和3D

全景交互的效果。其界面示例如图6-15所示。

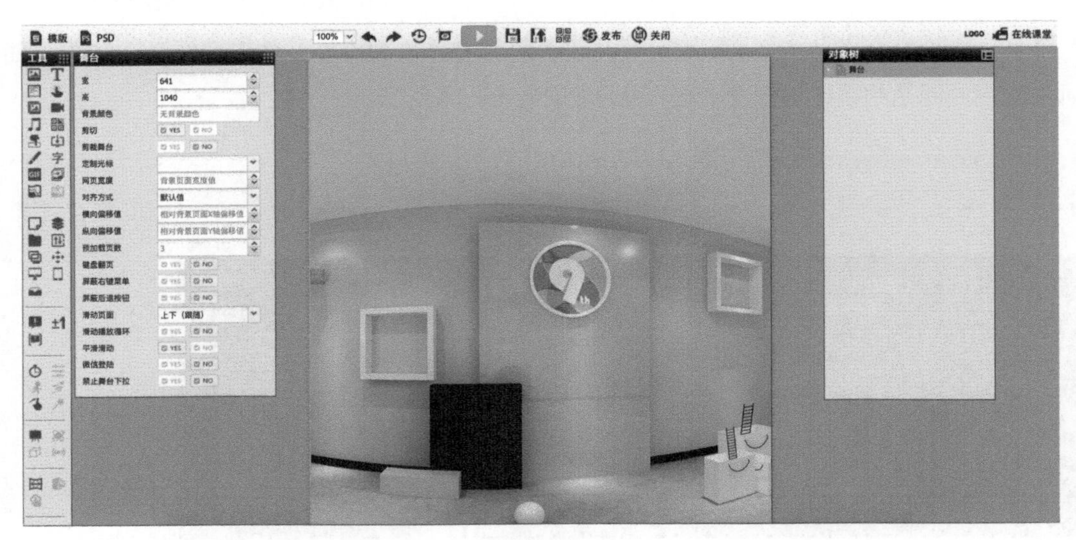

图6-15

互动大师iH5是一款基于浏览器的制作移动端网页的软件。在应用该软件时，建议使用Chrome浏览器。

6.6.3 木疙瘩

木疙瘩（Mugeda）是一款基于浏览器的专业H5交互动画制作软件，其编辑界面与Flash十分相似，对于有Flash使用经验的人来说，上手十分容易。其界面示例如图6-16所示。

图6-16

木疙瘩最大的特点是生成的完整作品中不带有产品名称的水印，这对于使用木疙瘩制作H5广告的用户来说十分友好。木疙瘩中提供了大量的创作工具套件，可以帮助设计师、设计团队快速地完成H5移动端网页内容的制作与发布。木疙瘩作为一款在线编辑的H5制作软件，支持HTML5 Canvas、CSS3、Video、PNG等多种文件格式的输出。

6.7 三维设计工具

三维设计是指在平面设计的基础之上，通过数字化、虚拟化、智能化等设计手段，使物体立体化、形象化。随着技术的不断进步和发展，三维模型在交互设计中的应用越来越广泛，对它的需求也越来越高。无论是应用程序、网页设计界面中的3D视觉效果，还是虚拟现实、增强现实中的物体交互，都需要使用三维设计工具创建三维模型。常用的三维设计工具有CINEMA 4D、3ds Max和Maya等。

6.7.1 CINEMA 4D

CINEMA 4D是由德国Maxon Computer公司开发的一款三维绘图软件，它以极高的运算速度和强大的渲染插件外挂著称。与3ds Max和Maya相比，CINEMA 4D保留着图层的概念，更加适合UI设计的输出，是UI设计中一个非常重要的工具。其界面示例如图6-17所示。

图6-17

CINEMA 4D经常被用于Banner页面和详情页面的设计，还能用于创作特效酷炫的短视频。随着虚拟现实和增强现实技术的快速发展，三维设计的应用需求会越来越广泛，越来越重要，CINEMA 4D由于具有强大的渲染功能，简单、易学、快速出图的特点，因而将是大多数UI设计师的首选。

CINEMA 4D不仅支持Windows操作系统，还支持Mac操作系统，并且还可以与Photoshop、After Effects等软件实现无缝连接。

6.7.2 3ds Max

3ds Max是Autodesk公司开发的一款全功能的三维动画渲染和制作软件。它具有强大的角色动画制作能力，被广泛地应用于广告、影视、工业设计、建筑设计、三维动画、多媒体制作、游戏及工程可视化等领域。3ds Max十分擅长塑造建筑场景，尤其是建筑物和室内场景。与Maya相比，3ds Max对硬件系统的要求比较低，一般的设备配置就可以满足日常工作的需要。在交互设计中，3ds Max主要用于制作虚拟现实和增强现实中的三维模型。其界面示例如图6-18所示。

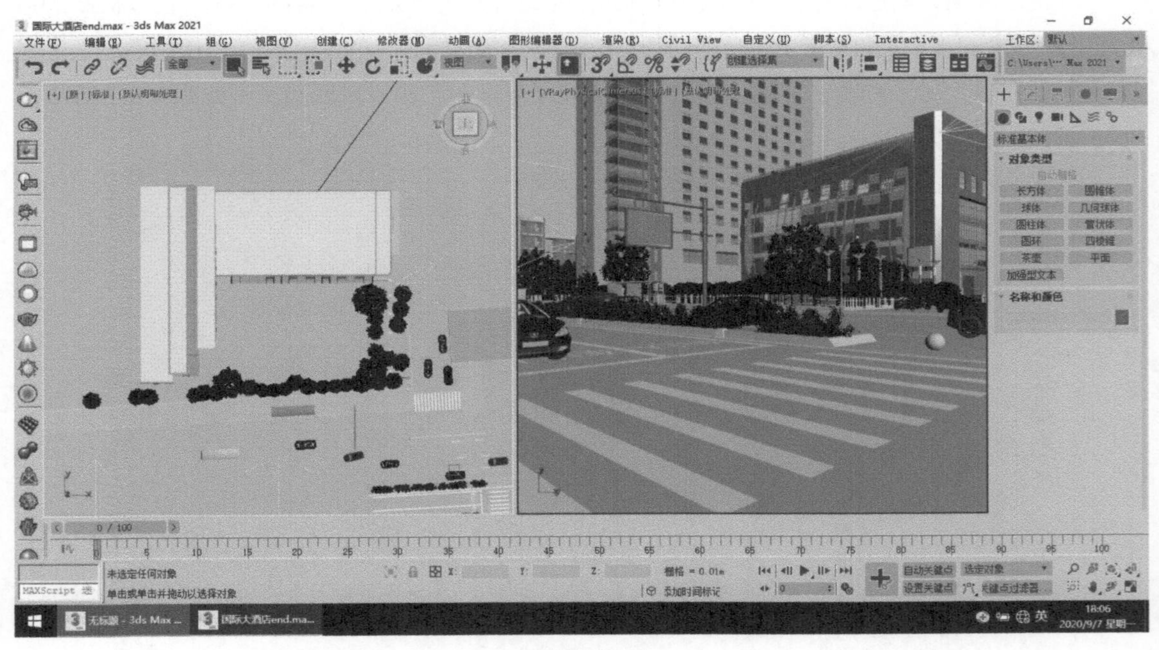

图6-18

3ds Max目前只支持Windows操作系统，不支持Mac操作系统。

6.7.3 Maya

Maya是一款高阶且复杂的三维动画制作软件，曾获得过奥斯卡科学技术贡献奖等荣誉，主要适用于制作专业的影视广告、角色动画、电影特技等。在交互设计中，Maya主要用于虚拟现实和增强现实中三维模型的设计与制作，设计师通过其流体功能和强大的渲染能力能够塑造出电影级的场景。沉浸式的体验是虚拟现实最大的特色，Maya电影级的渲染能力，以及场景、人物的塑造能力能够使虚拟的场景更具有感染力。其界面设计如图6-19所示。

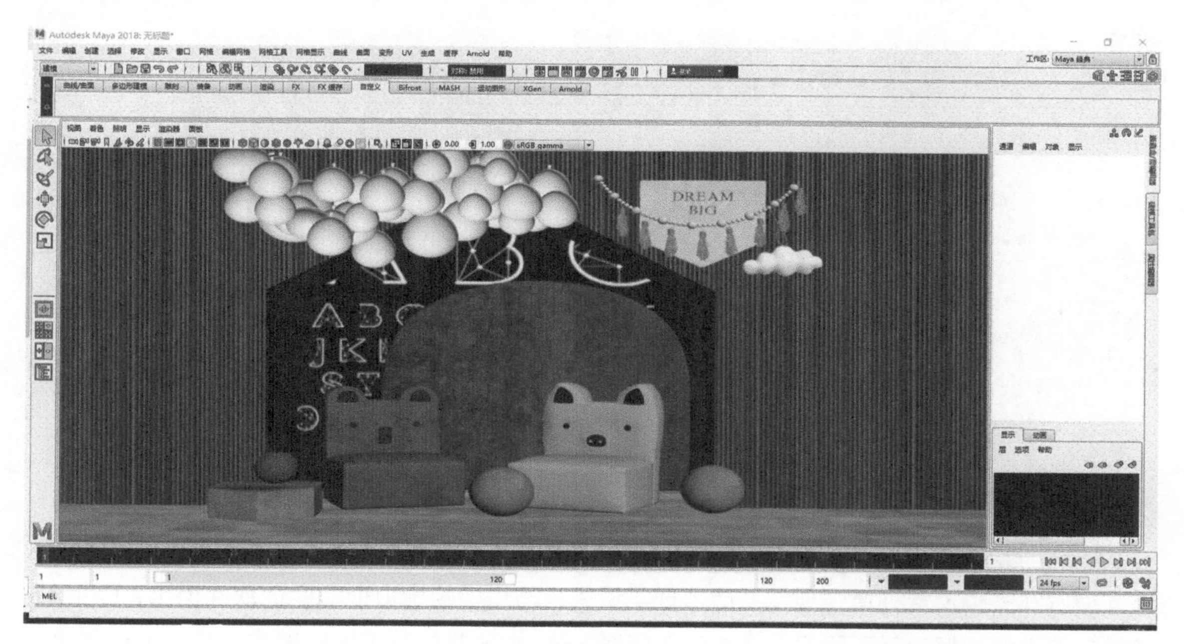

图6-19

Maya不仅支持Windows操作系统，还支持Mac操作系统。

6.8 虚拟现实和增强现实的常用工具

虚拟现实（Virtual Reality，VR）是20世纪发明的一项全新的实用技术，它通过电脑模拟创建出具有三维空间的虚拟世界，为用户提供感官的模拟，使用户具有一种身临其境的沉浸感。增强现实（Augmented Reality，AR）是一种将虚拟信息与真实世界进行巧妙融合的技术，在交互设计中被广泛使用。虚拟现实和增强现实的常用工具有Unity和Unreal Engine等。

6.8.1 Unity

Unity是一款由Unity Technologies研发的跨平台的游戏引擎。在交互设计中，Unity主要用于虚拟现实和增强现实中三维模型交互的设计与制作。其界面示例如图6-20所示。

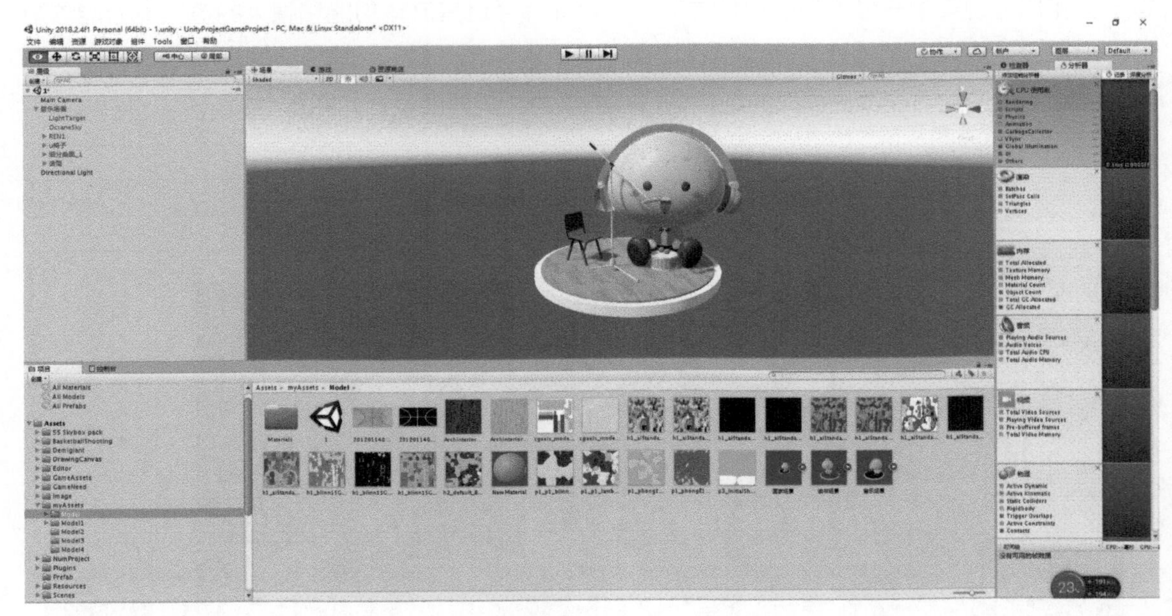

图6-20

Unity最大的特色是其发布的作品可以实现跨平台的功能，它不仅支持手机和平板电脑，还支持游戏主机及各种增强现实和虚拟现实设备。与早期的虚拟现实设计软件相比，Unity的跨平台性极大地解决了不同设备间的对接问题。Unity自带的地形编辑器能够帮助设计师快速完成自然场景中地形效果的设计与制作。与Unreal Engine相比，Unity在创作时对设备的要求较低，在低等级设备上也能流畅运行。

Unity不仅支持Windows操作系统，同时还支持Mac操作系统。

6.8.2 Unreal Engine

Unreal Engine（虚幻引擎）是一款由Epic Games开发的3D游戏引擎，是目前授权最广的游戏引擎之一。在交互设计中，Unreal Engine主要用于虚拟现实和增强现实中三维模型、场景交互的设计与制作。Unreal Engine作为一款专业级的游戏引擎软件，其强大的渲染效果，可以让画面实现逼真的视觉效果，使用户获得极佳的沉浸式体验。其界面示例如图6-21所示。

更重要的是针对虚拟现实和增强现实，Unreal Engine为操控手柄、控制器提供了良好的支持。

图6-21

Unreal Engine同时支持Windows 与 Mac 操作系统，其作品可在Windows、Mac、iOS、Android 、HTML5 等平台上运行。

6.9 同步强化模拟题

一、单选题

1. 思维导图是交互设计中构建信息框架图时常用的一种工具，是对项目功能和内容进行梳理和整理的有效工具。其中，能够通过可视化的方式帮助设计师理清设计思路，管理复杂的信息，实现高效工作的工具是（　）。

A. Photoshop　　B. PR

C. PowerPoint　　D. Xmind

2. 静态原型设计工具中，使用率高且主要应用于图形界面的视觉设计的工具是（　），它与Photoshop相比，体量更小一些，操作也更加便捷。

A. XD　　B. Sketch

C. OmniGraffle　　D. Visio

3.（　）是一款专业级的快速原型设计工具，主要用于Web产品、App产品、软件产品交互原型的设计与制作，是互联网产品设计开发中必备的软件之一。

A. PS　　B. Sketch

C. Axure RP　　D. PR

4. 专业级的视频剪辑、视频后期合成处理的设计软件是（　）。

A. After Effects　　B. Photoshop

C. OmniGraffle　　D. Visio

5. 在平面设计的基础之上，通过数字化、虚拟化、智能化等设计手段，使物体立体、形象化的是（　）。

A. 平面设计　　B. 网页设计

C. 动画设计　　D. 三维设计

二、多选题

1. 交互原型设计是让用户体验产品、交流设计构想、展示复杂系统的一种手段。交互原型设计工具可以帮助设计师快速地整理交互逻辑，展示交互原型，并进行原型测试。常用的原型设计工具有（　）。

A. Axure RP　　B. 蓝湖

C. Principle　　D. Xmind

2. 常用的三维设计工具有（　）。

A. CINEMA 4D　　B. 3ds Max

C. Sketch　　D. Maya

3. 网页设计是交互设计中非常重要的一环，适合设计人员使用的编程软件工具有（　）。

A. Dreamweaver　　B. 互动大师iH5

C. 木疙瘩　　D. Principle

4. Mac系统支持的软件工具有（　）。

A. 3ds Max　　B. Principle　　C. Axure RP

D. CINEMA 4D　　E. Dreamweaver

5. 木疙瘩最大的特点是生成的完整作品中不带有产品名称的水印，这对于使用木疙瘩制作H5广告的用户来说十分友好。作为一款在线编辑的H5制作软件，它支持（　）多格式输出。

A. HTML5 Canvas　　B. CSS3

C. Video　　D. PNG

三、判断题

1. Dreamweaver是集文字、图片、音乐、视频、链接等多种形式的移动端网页设计工具，通过微信广泛地进行传播。（　）

2. 3ds Max是Autodesk公司开发的一款全功能的三维动画渲染和制作软件。它具有强大的角色动画制作能力，被广泛地应用于广告、影视、工业设计、建筑设计、三维动画、多媒体制作、游戏及工程可视化等领域。（　）

3. 三维设计通过电脑模拟创建出具有三维空间的虚拟世界，为用户提供感官的模拟，使用户具有一种身临其境的沉浸感。（　）

6.10 作业

信息框架图是交互设计中非常重要的部分。根据微信App的最新版本，将微信App中的信息框架总结出来，使用Xmind制作出信息框架图。

第 7 章

数字媒体交互设计的未来

技术的不断发展使数字媒体交互设计拥有了更多的可能性。数字媒体交互设计的媒介由屏幕交互界面逐步过渡到了自然交互界面，用户越来越感受不到媒介的存在。数字媒体交互设计是一座桥梁，是将技术与用户日常应用连接起来的媒介。未来，数字媒体交互设计的发展，会融合更多的技术，应用在更多的领域。

7.1 用户体验设计

用户体验设计是将用户的参与融入设计中，使用户在活动中感受体验过程。用户体验和用户体验设计不同，一个强调的是人机交互过程中用户所获得的体验，另一个侧重的是用户体验的整体感受。用户体验设计所涵盖的范围更广，交互设计只是用户体验设计中的一部分。用户体验设计可以通过不同的方式让用户获得不同的体验，如情境体验、角色体验和虚拟体验等。

例如，在博物馆中经常会见到按照实际尺寸大小搭建的遗址复原场景，参观者行走在其中会获得一种触景生情的体验感。这种通过还原情境使参观者获得体验感的方式，不仅有效地将展品的展示信息传达给了参观者，而且让参观者更易于理解和记忆，并且还使参观者获得了更深层次的心理体验。在浙江省科技馆的宇宙主题展区中，参观者穿上仿制的宇航服模拟在月球上行走，可以切实地体会到宇航员在月球上行走的感觉，如图7-1所示。

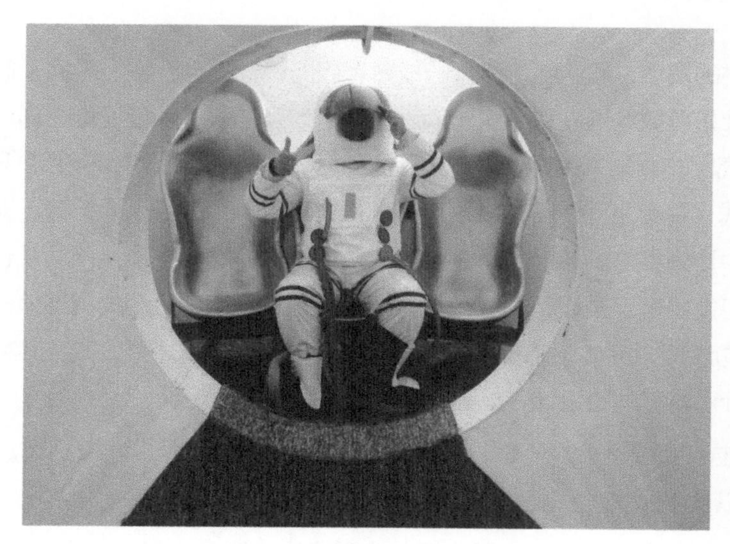

图7-1

再如杭州良渚文化博物馆的骑鸟飞行，它是一个虚拟互动的演示系统，参观者在骑鸟飞行的同时，还可以观看五千年前的良渚古国，不仅具有强烈的视觉冲击感，而且还具有一种沉浸感。

用户体验设计以用户为中心，关注用户的感受，使用户从活动的过程中获得良好的体验。例如，电影市场上3D电影和4D电影受到越来越多人的喜爱，就是因为这些电影能够给观众带来更好的体验感。3D电影的三维空间感使人有一种处在电影画面之中的感觉；4D电影的座位会根据电影场景的变化而高低前后地移动，甚至如果电影中有下雨的场景，座位周围还会同时喷水雾，这些用户体验设计都是为了给观众带来更好的体验感受。相关示例如图7-2所示。

图7-2

7.2 服务设计

随着社会经济的发展，服务经济体系的成熟，服务设计受到企业、学界及政府部门越来越多的关注。服务设计是有效地计划和组织一项服务中所涉及的人、基础设施、通信交流及物料等相关因素，从而提高用户体验和服务质量的设计活动。服务设计是使用户和组织机构之间互相带来价值的一种方式，两者之间的价值是双向的。服务设计重点关注3个部分，即触点、流程、利益。触点是流程中用户参与的接触点，这个点的形式有很多种，可能是网站，也可能会是手机端的应用程序，也可能是可穿戴设备中的内容，还可能是人与用户之间的其他接触点；流程中重点关注的是用户活动过程中的体验感受；利益关系着用户和组织机构之间的社会效益及经济效益。可以说，服务设计涵盖了体验设计，体验设计中又涵盖了交互设计。

服务设计的应用领域十分广泛，如医疗、通信、银行、交通、能源、信息、科技、政府公共服务等。下面以医疗领域的服务设计为例进行详细的讲解。

医疗保健系统往往非常复杂，在整个系统中包含许多附属服务。就个人而言，医疗服务中，患者在特定接触点的体验可能非常好，但是患者可能会对他的整体医疗经历给予负面评价。患者赞扬他所接触的所有医护人员的工作，同时也会对他的整体医疗经历表示不满，这种情况并不罕见。例如，一个患者在医院时有一个很好的体验，然后一位友好、称职的医生为他诊治，医生将他转移到系统的另一端进行检查。但是当患者离开医院时，他的体验就开始变化了，他可能会觉得自己不知道联系谁，也可能觉得自己不需要检查。他在从一个接触点到另一个接触点过渡的过程中，不清楚接下来会发生什么，也不清楚自己应该向谁提问。

服务设计的作用是可以为客户设计、策划一系列易用、满意、信赖、有效的服务。服务设计是一个庞大而复杂的系统，是放眼全局的通盘考虑、跨越服务周期的全链路设计。

7.3 游戏化设计

游戏化设计不是游戏设计，它是将游戏化的思维应用到数字媒体交互设计中，通过游戏的机制为用户提供惊喜、愉悦的使用体验。在数字媒体交互设计中应用游戏化的思维可以激发用户的参与感，增强用户与产品的黏性，提升用户的体验。游戏化设计可以融入生活中的各个领域，其应用的形式也不限于产品和服务。下面以体育用品领域的“NIKE+”和教育学习领域的“IEnglish”应用为例进行详细讲解。

“NIKE+”是耐克公司研发的一系列健康追踪应用程序与可穿戴设备的概称，包括Nike+ Running、Nike+iPod、Nike+Move、Nike+Training、Nike+Basketball等手机应用程序，以及Nike+Sportwatch、Nike+Fuelband、Nike+Sportband等穿戴式设备。NIKE+在跑鞋中加入芯片，用户在跑步的过程中会获得耐克精英教练的指导及知名艺人的鼓励，从而使跑步者的耐力获得提升。同时，跑步的时间、距离、热量消耗等数据可以通过手机和电脑实时获取、了解，同时用户还可以将数据分享到朋友圈与朋友展开竞赛，增强用户的竞争意识，调动用户参与的积极性。NIKE+还会定期发送任务，召集跑步者挑战并予以鼓励，从而增强跑步者的跑步动力。通过这些游戏化的设计，NIKE+在吸引了消费者关注的同时，也增加了销量，如图7-3所示。

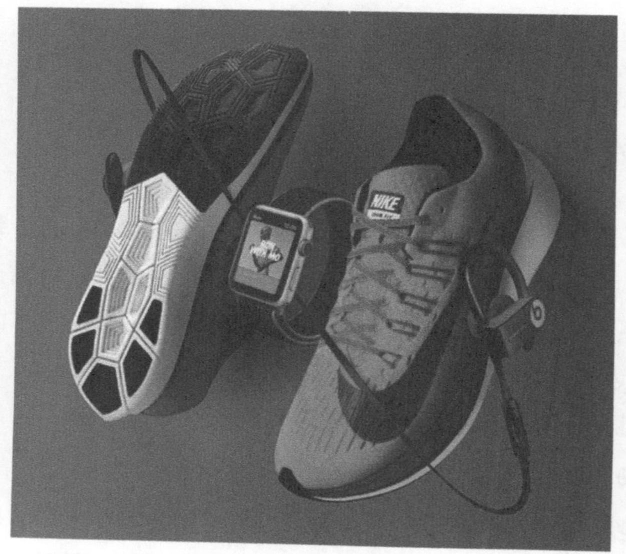

图7-3

在线教育学习领域中利用游戏化设计可以调动学生的主动性，激发学生自主学习的动力。例如，IEnglish这款学习英语的数字媒体产品，游戏化的学习机制是其最大的亮点。每一个学习者都拥有一座自己专属的城市，在这个城市中有很多空地，通过学习所获得的奖励可以让学习者在空地上添加不同的建筑，从中获得成就感。想要获得金币、材料和粮食，就需要完成相应的任务，如完成英语测试、视听时间达到规定的时间等。随着学习的深入，城市的建筑也在不断地丰富，游戏化的设计使学习的体验变得富有乐趣，如图7-4所示。

图7-4

7.4 人工智能

人工智能（Artificial Intelligence，AI），通常是指由计算机的算法构建出来的程序呈现出类似于人的智能的技术，可以模拟人的意识和思维，进行语言识别、图像识别、自然语言处理和专家系统等。现如今，人工智能技术已应用在生活的方方面面，例如智能语音助手、搜索引擎、AI换脸、智能客服、智能物流、个性化推荐，等等。人工智能时代下的交互设计面临着很多新的挑战，交互的形态也从图形界面的交互逐步走向了自然界面交互。下面以智能客服和智能物流为例进行详细讲解。

智能客服可以一键对接企业所有流量入口，进行多渠道统一管理；除了线上文字对话交流，智能语音客服还承担了企业呼叫中心的大部分外呼及回访工作，帮助人工客服完成大量需要重复操作的简单工作，释放更多人工客服的时间与精力以服务更重要的客户，或者处理更复杂的客户问题。人工智能时代下的交互设计意味着交互的形式和行为逻辑的设计都发生着新的变化。

电商平台的快速崛起，带动了物流业的飞速发展，传统人工的分类、包装、拣货已经无法满足当前的发展需求，只有数字化、智能化的物流管理系统才能满足当前迅猛发展的行业需求。亚马逊的智能物流系统是智能物流管理中的翘楚，如图7-5所示。

亚马逊是一家服务于全球的购物电商平台，是目前全球最大的互联网线上零售商之一。2012年，亚马逊收购了机器人公司Kiva，获得了智能仓库机器人系统Kiva System。产品的搬运和分类都可以由机器人完成，机器人可以直接举起约160千克的货物并送到工人面前，这套系统极大地提高了仓储的处理效率，与传统的人工方式相比，效率提升了2～4倍。未来如何使机器与人更好地进行协作，是交互设计需要重点研究和探索的方向。

图7-5

7.5 智能家居

智能家居是依托于住宅平台，利用综合布线技术、网络通信技术、安全防范技术、自动控制技术、音视频技术将家居生活中相关的设施集成，构成效率较高的住宅设施和家庭事务的控制系统，让家居有更好的安全性、舒适性、便利性、艺术性，并且能实现绿色环保的功能。数字媒体交互设计在智能家居中主要应用于智能系统，智能系统分为语音系统和行为系统。

首先是数字媒体交互设计在智能家居语音系统上的应用，如可以在手机中安装语音助手，通过语音来控制家电设备，包括打开或关闭电灯、热水器，点播音乐、相声等，如图7-6所示。

图7-6

其次是数字媒体交互设计在智能家居行为系统中的应用。下面以“微软-未来之家”为例进行介绍。位于西雅图的比尔·盖茨的家“微软-未来之家”，其房屋格局为7间卧室、6所厨房、24个浴室、1座穹顶图书馆、1个会客大厅。访客进门就会领到微晶片的胸针，可以预定好个人的温度、湿度、灯光、音乐、画作等条件，无论走到哪里，这些信息都会被传输到中央电脑，环境将被自动调节得令人宾至如归。当访客走进大厅，空调会将湿度调节得令人感到舒适，音箱也会播放适合不同客人的音乐，灯光会自动转换色调，墙上的大屏幕电视会自动播放客人喜爱的影片，此过程均不需要拿着遥控器来控制，实现了家居的高度智能化。

7.6 无人驾驶

无人驾驶是机器通过传感系统感知周围环境，通过自动规划路线到达预定目标。无人驾驶不仅可以减少交通拥堵，减少二氧化碳排放量，还可以减少因为人为过失而造成的交通事故，提高工作效率。

随着自动驾驶技术的不断发展，车载系统的交互设计将要面临深刻的变革。交互设计的主体将由传统的车内用户转变为车内的用户、社会化道路周围的行人及周围车辆中的人，这就意味着交互设计的类型将会逐渐增多，交互将不再局限于用户与车的交互关系，还会涉及车与车外行人的交互关系，以及车与周围车辆用户的交互关系。下面以特斯拉无人驾驶汽车为例进行详细讲解。

特斯拉无人驾驶汽车通过大量的传感器，摄像头360° 视角和250米可视范围，让汽车改变路线、转过弯道，并配合无辅助的交通突发情况，如图7-7所示。车载系统界面的组织逻辑由以驾驶为中心转变为以旅程为中心，相对应的驾驶任务的交互行为也发生了根本性的改变。

图7-7

2018年谷歌推出了自驾叫车服务Waymo One，2020年百度推出了自动驾驶出租车服务Apollo Robotaxi。无人驾驶作为汽车行业未来发展的风口，已经成为众多企业关注的焦点，其中不仅有互联网巨头，如谷歌、百度、腾讯、阿里，还有北京汽车、上海汽车、宝马、丰田、奥迪等传统汽车制造企业。无人驾驶在未来的汽车行业的发展中具有广阔的空间，这也为交互设计的发展提供了机遇与挑战。

7.7 可穿戴设备

可穿戴设备指的是直接可以穿戴在身上，或者整合进衣服或配件中的智能设备，也可以说是智能可穿戴设备。主要是探索一种全新的人机交互方式，通过智能可穿戴设备为消费者提供专属的、个性化的服务。随着消费升级，智能可穿戴设备已从过去单一功能迈向多功能，同时具有更加智能、便于携带、实用的特点。智能可穿戴设备已经发展到很多领域，如医疗保健、社交网络、商务和媒体等，常见的有智能手表、运动手环、智能头盔、智能眼镜等。下面以智能手表、运动手环和智能眼镜为例进行详细讲解。

智能手表和运动手环是日常生活中比较常见的智能可穿戴设备，除了看时间外，还具有监测心率、呼吸频率、血压、步数，打电话，发信息，播放音乐等功能。例如苹果手表，不仅功能多样，而且在数字媒体交互设计上做得也比较好，主要体现在表盘时间显示有数以百计的界面设计，用户可以选择不同的个性化搭配方式，时间和表盘随心改变。通过蜂窝网络功能，苹果手表可实现徒步打电话、在泳池发信息、滑雪时听音乐等功能。还可以通过和SIRI语音交互，实现上网搜索功能。

智能眼镜也是智能可穿戴设备的典型代表。智能眼镜具有人脸识别功能，通过眼镜上的数字媒体显示出相关信息，扫一下就可以知道对方的身份，在应用实践中能够方便执法人员快速识别人群中的罪犯。此外，智能眼镜还被用在汽车制造领域，宝马公司和Metaio公司共同推出了智能眼镜，用以指导用户对汽车进行修理，智能眼镜可以向用户演示维修的步骤，如图7-8所示。

图7-8

随着智能可穿戴设备的发展和数字媒体交互设计更深层次的应用，智能手表还可以用于解锁车门，与车内系统互联，了解汽车状况、里程、油量等；智能服装和鞋子可以监测身体健康指标和矫正走姿等。

7.8 MR和XR

MR即混合现实（Mixed Reality），是指将现实和虚拟世界混合在一起，创造出新的环境并且可视，物理实体与数字对象共存并且能够实时相互作用。可以说混合现实是虚拟现实和增强现实的混合体。

XR即扩展现实（Extended Reality），是指由计算机技术和可穿戴设备生成的所有真实与虚拟组合的可人机交互的环境。X代表着任何当前或未来计算技术的发展变量，它将虚拟现实、增强现实和混合现实全部包含在内，是多种形式的融合体。

随着技术的飞速发展，虚拟现实和增强现实技术被广泛地应用在各个领域，在未来的发展中，混合现实和扩展现实将会成为新的发展趋势。虚拟层级不再只是集中在部分感官的参与，而是全部感官沉浸式的参与体验。2018年微软公司发布了Power BI混合现实应用程序，目标是为数据浏览提供更大的灵活性，如图7-9和图7-10所示。程序基于Windows操作系统进行开发，通过HoloLens混合现实头戴显示设备进行展示和交互。用户通过HoloLens混合现实头戴显示设备可以在真实环境中查看数据报告和仪表板，还可以与其进行交互操作，程序还支持语音命令作为手势的补充操作。

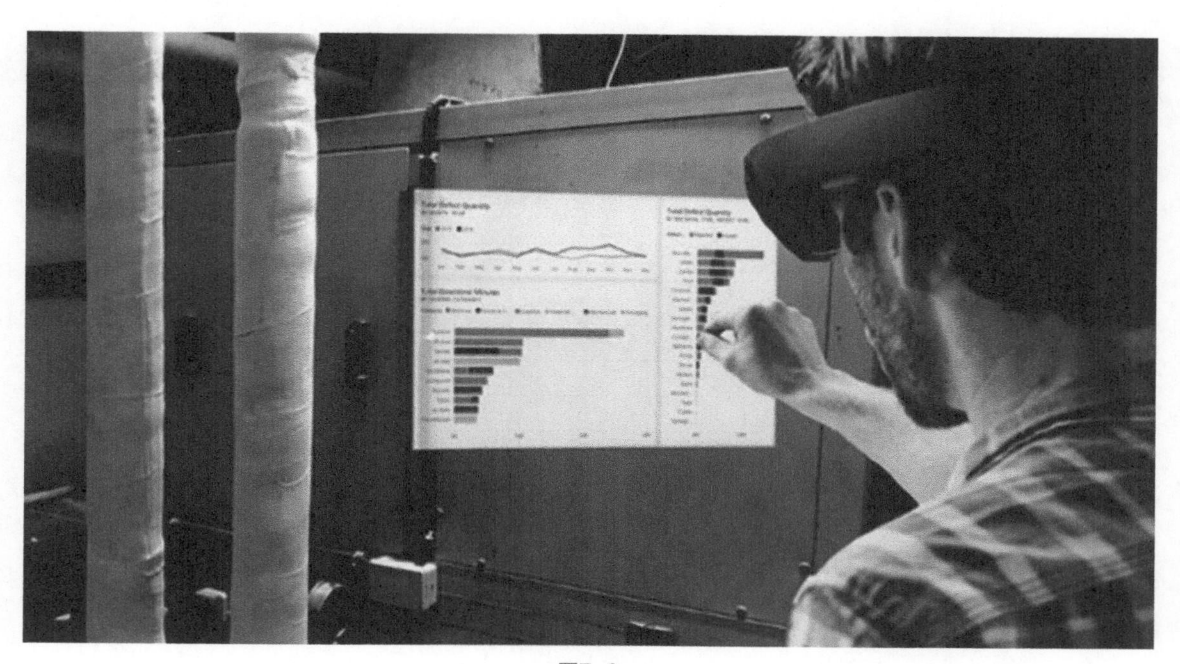

图7-9

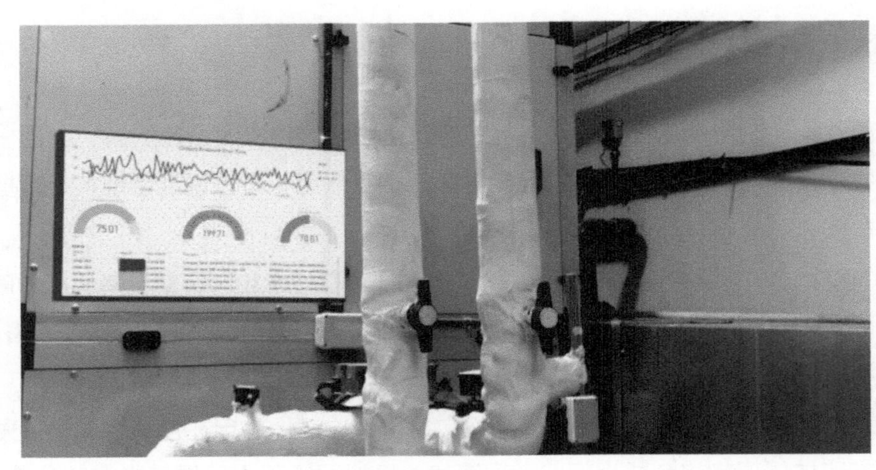

图7-10

在未来的混合现实和扩展现实中，自然用户界面的交互形式将成为未来交互设计发展的主要方向。

7.9 同步强化模拟题

一、单选题

1.（　）是使用户和组织机构之间互相带来价值的一种方式，两者之间的价值是双向的。

A. 产品设计　　B. 交互设计

C. 服务设计　　D. 技术本身

2. 服务设计重点关注3个部分：（　）、流程、利益。

A. 内容　　B. 触点

C. 应用程序　　D. 价值

3.（　）可以模拟人的意识和思维，进行语言识别、图像识别、自然语言处理和专家系统等，如智能语音助手、搜索引擎、AI换脸、智能客服、智能物流、个性化推荐等。

A. 智能App　　B. 智能应用程序

C. 智能计算机　　D. 人工智能

4.（　）技术作为汽车行业未来发展的风口，已经成为众多企业关注的领域，其中不仅有互联网巨头，如谷歌、百度、腾讯、阿里，还有北京汽车、上海汽车、宝马、丰田、奥迪等传统汽车制造企业。

A. 智能航天航空　　B. VR

C. 无人驾驶　　D. WR

5.（　）即扩展现实，是指由计算机技术和可穿戴设备生成的所有真实与虚拟组合的可人机交互的环境。

A. MR　　B. VR

C. PR　　D. XR

二、多选题

1. 下列选项中，属于人工智能领域的应用有（　）。

A. 智能语音助手　　B. 搜索引擎　　C. AI换脸

D. 智能客服　　E. 智能物流

2. 可穿戴设备已经发展到很多领域，常见的可穿戴设备包括（　）等。

A．智能手表　　B．运动手环

C．智能头盔　　D．智能眼镜

3．智能家居是依托于住宅平台，利用（　）将家居生活中相关的设施集成，构成效率较高的住宅设施和家庭事务的控制系统。

A．综合布线技术　　B．网络通信技术　　C．安全防范技术

D．自动控制技术　　E．音视频技术

三、判断题

1．MR是利用计算机模拟一个具有三维空间的虚拟世界，给用户提供视觉、听觉等感官的模拟。（　）

2．2018年谷歌推出了自驾叫车服务Apollo Robotaxi，2020年百度推出了自动驾驶出租车服务Waymo One。（　）

3．可穿戴设备指的是直接可以穿戴在身上，或者整合进衣服或配件中的智能设备，也可以说是智能可穿戴设备。（　）

7.10 作业

探讨数字媒体交互设计未来还可以应用在哪些领域，请列举2个案例进行分析。

附录 同步强化模拟题答案速查表

第1章 数字媒体交互设计概述

一、单选题

题号	1	2	3	4	5
答案	C	D	A	A	B

二、多选题

题号	1	2	3	4	5
答案	ABCD	ABCD	ABCD	ABCD	ABC

三、判断题

题号	1	2
答案	x	√

第2章 用户体验

一、单选题

题号	1	2	3	4
答案	A	B	A	D

二、多选题

题号	1	2	3
答案	ABCD	ABCDE	ABC

三、判断题

题号	1	2	3
答案	x	√	√

第3章 用户研究方法

一、单选题

题号	1	2	3	4	5
答案	C	A	C	D	B

二、多选题

题号	1	2	3	4	5
答案	ABCD	ABC	ABCDE	BCDE	ABCDE

三、判断题

题号	1	2	3
答案	x	x	√

第4章 交互设计流程

一、单选题

题号	1	2	3	4	5
答案	B	B	D	B	C

二、多选题

题号	1	2	3	4
答案	ABC	ABC	ABCDEFG	ABCD

三、判断题

题号	1	2
答案	√	√

第5章 交互设计心理学

一、单选题

题号	1	2	3	4	5
答案	B	C	A	D	B

二、多选题

题号	1	2	3	4
答案	ABCD	ABCD	ABCD	ABCDE

三、判断题

题号	1	2	3
答案	x	x	√

第6章 交互设计工具

一、单选题

题号	1	2	3	4	5
答案	D	B	C	A	D

二、多选题

题号	1	2	3	4	5
答案	ABC	ABD	ABC	BCDE	ABCD

三、判断题

题号	1	2	3
答案	x	√	x

第7章 数字媒体交互设计的未来

一、单选题

题号	1	2	3	4	5
答案	C	B	D	C	D

二、多选题

题号	1	2	3
答案	ABCDE	ABCD	ABCDE

三、判断题

题号	1	2	3
答案	x	x	√